C Anil Kumar
Gantasala Sreenivasulu
B S Yogananda

Fibra de coco reforçada com compósitos de polímero de polietileno

C Anil Kumar
Gantasala Sreenivasulu
B S Yogananda

Fibra de coco reforçada com compósitos de polímero de polietileno

Fibras naturais e suas aplicações

ScienciaScripts

Imprint
Any brand names and product names mentioned in this book are subject to trademark, brand or patent protection and are trademarks or registered trademarks of their respective holders. The use of brand names, product names, common names, trade names, product descriptions etc. even without a particular marking in this work is in no way to be construed to mean that such names may be regarded as unrestricted in respect of trademark and brand protection legislation and could thus be used by anyone.

Cover image: www.ingimage.com

This book is a translation from the original published under ISBN 978-620-7-45476-1.

Publisher:
Sciencia Scripts
is a trademark of
Dodo Books Indian Ocean Ltd. and OmniScriptum S.R.L publishing group

120 High Road, East Finchley, London, N2 9ED, United Kingdom
Str. Armeneasca 28/1, office 1, Chisinau MD-2012, Republic of Moldova, Europe
Printed at: see last page
ISBN: 978-620-8-02989-0

Conteúdo

Resumo

Nesta tese é apresentada a investigação efectuada sobre o desenvolvimento do tipo multifuncional de fibras de polietileno na categoria de reforço de compósitos de matriz à base de polímeros. A utilização de reforços de matriz polimérica por tecidos pode ser uma escolha popular para estruturas compósitas em várias aplicações, incluindo aeronaves, navios e automóveis. Embora a indústria aeronáutica utilize frequentemente processos de cura a alta temperatura para o fabrico de peças compósitas, existe potencial para a utilização de um tipo improvisado de compósito de fabrico rápido.

Isto é especialmente verdadeiro para as peças aeroespaciais que estão expostas a temperaturas e tensões nominais, uma vez que os materiais e processos alternativos podem reduzir significativamente os custos, mantendo os níveis de desempenho adequados. Este tópico centra-se na conceção e desenvolvimento de compósitos multifuncionais de matriz polimérica reforçados com fibras de polietileno. Estes compósitos são um material promissor com elevada resistência, rigidez e durabilidade, tornando-os adequados para várias aplicações de engenharia. Este trabalho explora as técnicas de fabrico, as propriedades mecânicas e as potenciais aplicações destes compósitos. Além disso, discute os desafios e as direcções futuras para a investigação e o desenvolvimento deste material promissor.

Os compósitos de matriz polimérica (PMCs) têm merecido grande atenção em várias aplicações industriais e domésticas devido às suas excelentes propriedades mecânicas e físicas. Recentemente, os investigadores têm explorado a utilização de fibras multifuncionais de polietileno (PE) como material de reforço para PMCs. Os trabalhos apresentados neste relatório fazem uma apresentação exaustiva da conceção e desenvolvimento de PMCs multifuncionais reforçados com fibras de polietileno. As técnicas de fabrico, as propriedades mecânicas e as potenciais aplicações destes compósitos são discutidas em maior pormenor. Além disso, são destacados os desafios e as direcções futuras para a investigação e o desenvolvimento destes compósitos. Os resultados mostram que os PMCs multifuncionais reforçados com fibras de polietileno têm um potencial significativo em diferentes aplicações de engenharia, nomeadamente, aplicações automóveis, aplicações aeroespaciais e construção, devido à elevada rigidez, resistência e durabilidade do material.

Os reforços primários para o material compósito consistem em fibras de polietileno de peso molecular ultra-elevado com tratamento de superfície, que foram adquiridas através de fontes externas. Espera-se que a modificação superficial do sistema de reforço traga melhorias drásticas no desempenho global de diferentes PMCs, tendo em conta as diferentes propriedades físicas, tais como a resistência à abrasão, a resistência ao rasgamento, o coeficiente de atrito, a absorção de água, a redução da densidade, o aumento do módulo, a resistência à compressão, as propriedades de barreira e a dureza. Os resultados simulados e experimentais apresentados nesta tese explicam a eficácia dos métodos que estão a ser apresentados.

Os compósitos de matriz polimérica do tipo reforçado com fibras de polietileno ganharam uma atenção significativa nos últimos anos devido à sua maior resistência e rigidez, menor densidade e valor muito baixo, ou seja, menor resistência à corrosão. A utilização deste tipo de compósitos está generalizada em várias indústrias, incluindo a aeroespacial, a automóvel, a marítima e a engenharia civil. Esta investigação tem como objetivo conceber e desenvolver compósitos multifuncionais de matriz polimérica reforçados com fibras de polietileno utilizando vários métodos. O estudo centra-se em quatro métodos diferentes de fabrico de compósitos de matriz polimérica reforçados com fibras de polietileno, incluindo a colocação manual, o ensacamento a vácuo, a moldagem por transferência de resina e o tipo de moldagem por compressão. Estes métodos são selecionados com base no seu potencial para fabricar compósitos com diferentes caraterísticas, nomeadamente, propriedades mecânicas melhoradas, estabilidade térmica e retardamento de chama.

O estudo utiliza diferentes tipos de fibras de polietileno, incluindo o polietileno de alta densidade HDPE, o polietileno de alta densidade de base ultra-elevada (UHMWPE) e o polietileno de menor densidade (LDPE). Em seguida, as fibras são selecionadas com base nas suas propriedades mecânicas e disponibilidade.

Em suma, para concluir, o estudo demonstra a conceção e o desenvolvimento de compósitos multifuncionais de matriz polimérica reforçados com fibras de polietileno utilizando vários métodos. A utilização de uma série de categorias de fibras de polietileno, revestimentos e métodos de fabrico resulta em compósitos com propriedades mecânicas melhoradas, estabilidade térmica e retardamento de chama. Assim, o compósito desenvolvido é adequado para várias aplicações industriais, incluindo aeroespacial, automóvel, marítima e engenharia civil. Estudos futuros podem centrar-se na otimização do processo de fabrico e na investigação da longevidade (durabilidade) a longo prazo do material compósito.

Palavras-chave - Polietileno de Baixa Densidade, Polietileno, Fibras, Reforço, Compósito de Matriz Polimérica, Fibra de Coco;

1 Introdução

Os compósitos de matriz polimérica surgiram como os materiais vitais e mais promissores para uma categoria mais vasta de aplicações devido às suas excelentes propriedades mecânicas, físicas e químicas. Estes materiais compósitos podem ser utilizados em diferentes empresas, nomeadamente nos sectores automóvel, aeroespacial, marítimo, da construção e do equipamento desportivo. Entre estes, os compósitos de matriz de polímeros reforçados com fibras têm merecido uma atenção especial devido aos rácios peso/força mais elevados, à boa resistência ao impacto e à resistência à corrosão.

1.1 Uma breve panorâmica dos materiais compósitos de matriz e dos seus tipos

Durante os últimos anos, verificou-se um crescimento considerável no interesse pelo desenvolvimento de compósitos de matriz polimérica multifuncionais que podem oferecer não só propriedades mecânicas, mas também funcionalidades adicionais, tais como propriedades térmicas, eléctricas e de deteção. As fibras de polietileno (PE) têm sido amplamente estudadas devido às suas boas propriedades mecânicas, à sua menor densidade e ao seu menor custo. Propriedades mecânicas, densidade mais baixa e preços de custo mais baixos. Por conseguinte, as fibras de PE têm sido amplamente utilizadas como materiais de reforço em compósitos de matriz polimérica. A Fig. 1.1 apresenta os tipos e categorias de materiais poliméricos [1].

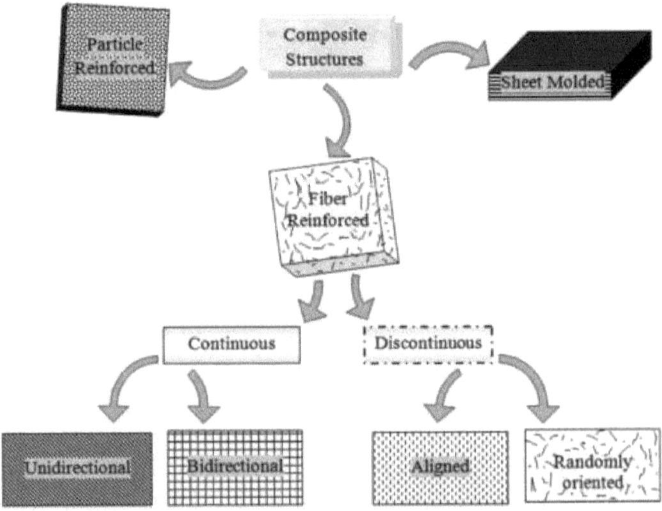

Fig. 1.1 : Tipos e categorias de materiais poliméricos

Assim, o desenvolvimento de compósitos de polímeros reforçados com fibras de polietileno multifuncionais requer a integração de materiais funcionais na matriz polimérica. Os materiais funcionais podem ser adicionados à matriz polimérica sob diferentes formas, tais como nanopartículas, fibras ou folhas. A incorporação de materiais funcionais nas matrizes poliméricas pode melhorar significativamente as propriedades do compósito, tais como a condutividade térmica, a condutividade eléctrica e a capacidade de deteção. A Fig. 1.2

apresenta o ciclo de vida dos materiais NFRC [2].

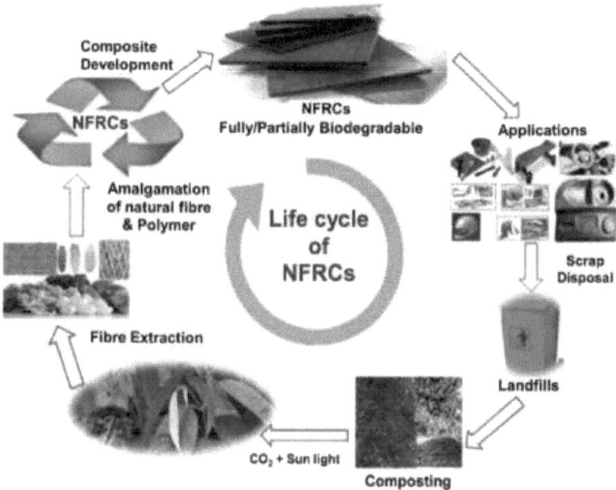

Fig. 1.2 : Ciclo de vida dos materiais NFRC

Foram investigados vários materiais funcionais para o desenvolvimento do compósito de matriz polimérica multifuncional, nomeadamente nanotubos de carbono, grafeno, nanopartículas metálicas e partículas cerâmicas. A adição destes materiais compósitos pode melhorar as condutividades térmica e eléctrica dos compósitos, tornando-os adequados para diferentes aplicações, nomeadamente a gestão térmica e o tipo de blindagem electromagnética. O desenvolvimento de uma série de compósitos multifuncionais de matriz polimérica reforçada com fibras de polietileno requer também a otimização das técnicas de processamento. Os parâmetros de processamento, nomeadamente a pressão, o tempo e as temperaturas, podem afetar significativamente as diferentes propriedades dos compósitos. Por isso, é essencial otimizar os parâmetros de processamento para obter as propriedades desejadas [3].

Neste contexto, esta investigação tem como objetivo desenvolver um compósito multifuncional de matriz polimérica reforçada com fibras de polietileno com boas propriedades materiais, tais como propriedades eléctricas, térmicas e mecânicas. As fibras de PE serão tratadas com diferentes elementos funcionais, nomeadamente, CNT's, grafeno e nanopartículas metálicas. Em seguida, a utilização destes materiais funcionais em diferentes tipos de propriedades dos compósitos será considerada e a avaliação do desempenho será efectuada. O parâmetro que é o processamento pode ser optimizado para obter a propriedade desejada dos compósitos [4].

O compósito desenvolvido pode ser utilizado em diferentes tipos de aplicações, nomeadamente nas indústrias eletrónica, automóvel e aeroespacial. O compósito multifuncional de matriz polimérica reforçada à base de fibras de polietileno (PE) é um material avançado que consiste em fibras de PE como materiais reforçados e matrizes poliméricas como material de ligação. Estes compósitos são concebidos para terem propriedades multifuncionais, o que significa que podem desempenhar múltiplas funções para além do tipo de reforço mecânico tradicional. Assim, as fibras de PE são escolhidas como material de reforço devido às suas propriedades únicas, nomeadamente, elevada resistência, baixo peso e excelente resistência à degradação ambiental. A matriz polimérica fornece o material de ligação que manterá as fibras em tandem e transferirá as cargas entre as diferentes fibras [5].

1.1.1 Propriedade multifuncional

Em seguida, as propriedades multifuncionais destes compósitos podem ser alcançadas através da incorporação de vários materiais funcionais, tais como material condutor, liga com memória de forma (SMA) e agentes de auto-regeneração, no material da matriz. Os compósitos resultantes podem apresentar propriedades como a condutividade eléctrica, a capacidade de resposta térmica e a capacidade de auto-regeneração, tornando-os adequados para um grande número de aplicações em várias indústrias, incluindo a aeroespacial, a automóvel e as suas construções. O desenvolvimento de compósitos multifuncionais de matriz polimérica reforçada à base de fibras de PE pode ser tratado como uma área de investigação primária e as novas técnicas de fabrico e materiais funcionais estão a ser explorados para melhorar as suas propriedades e expandir as suas potenciais aplicações [6].

As aplicações modernas de engenharia necessitam frequentemente de materiais com propriedades únicas e especializadas que não podem ser satisfeitas com ligas metálicas, cerâmicas ou polímeros tradicionais. Isto é particularmente verdadeiro para os materiais necessários nas indústrias aeroespacial, naval e de transportes. Por exemplo, os engenheiros aeronáuticos exigem materiais estruturais que sejam leves mas robustos, rígidos mas resistentes a danos por impacto, entre outros atributos. Infelizmente, os materiais com elevada resistência possuem frequentemente elevada densidade e as tentativas de aumentar a resistência ou a rigidez resultam normalmente numa redução da resistência ao impacto. Em consequência, os engenheiros de todo o mundo têm procurado persistentemente novos materiais com combinações óptimas de propriedades para satisfazer diversos requisitos de aplicação. A Fig. 1.3 apresenta uma panorâmica pormenorizada do compósito FRP [7].

1.1.2 PMC's

Os compósitos de polímeros matriciais (PMC) são materiais avançados que têm sido amplamente utilizados em várias aplicações industriais, incluindo a indústria automóvel, aeroespacial e as suas construções. As propriedades mecânicas e físicas dos PMC, nomeadamente a maior resistência e rigidez e a sua durabilidade, fazem destes materiais um material vital para várias aplicações de engenharia. Assim, as fibras de reforço em PMCs desempenharão definitivamente um papel vital para determinar as diferentes propriedades mecânicas e o comportamento do compósito. Recentemente, os investigadores têm-se concentrado no desenvolvimento de fibras multifuncionais de polietileno (PE) como material de reforço para PMCs. Este artigo aborda a conceção e o desenvolvimento de PMCs multifuncionais reforçados com fibras de PE, incluindo as técnicas de fabrico, as propriedades mecânicas, as aplicações potenciais, os desafios e as direcções futuras [8].

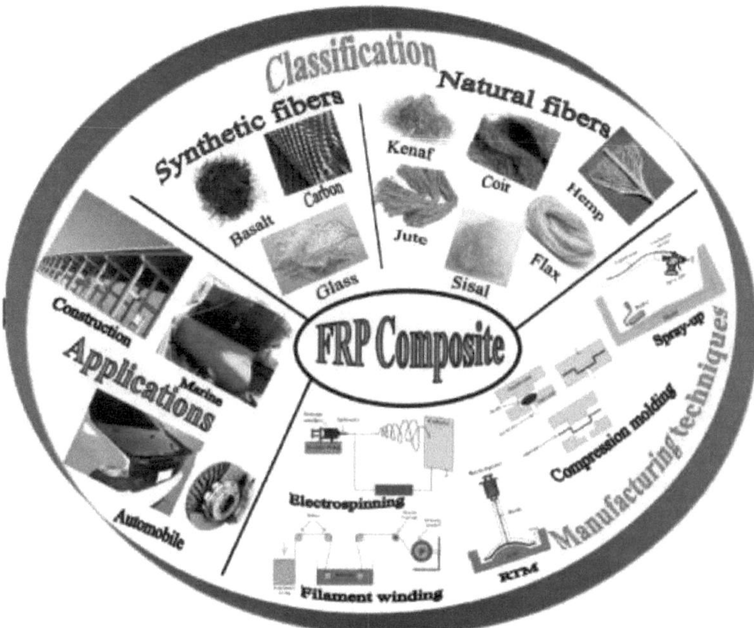

Fig. 1.3 : Compósito FRP

1.1.3 Técnica de fabrico

O processo de fabrico de PMCs multifuncionais de reforço de fibras de PE envolve várias etapas, incluindo o tratamento da superfície da fibra, a preparação do material da matriz, a mistura da fibra/matriz e a cura. Para melhorar a ligação inter-facial entre a fibra e a matriz, foram utilizados diferentes tipos de técnicas de tratamento de superfície, nomeadamente tratamentos de plasma, modificação química e modificação física. Para além disso, foram utilizados diferentes materiais de matriz, tais como resinas termoendurecidas, termoplásticos e os seus compósitos, para fabricar PMCs multifuncionais do tipo reforço de fibras de PE. A mistura fibra/matriz pode ser conseguida através de vários métodos, como a colocação manual, o tipo de moldagem por transferência dependente de resina e a moldagem por injeção. O processo de cura pode ser efectuado através de várias técnicas, como a cura térmica, a fotopolimerização e a cura por micro-ondas. Consultar a Fig. 1.3 para as técnicas de fabrico [9].

1.1.4 Técnica de tratamento de superfície

O tratamento de superfície das fibras de reforço desempenha um papel crucial para melhorar a ligação inter-facial entre a fibra e as matrizes. O tratamento de superfície pode ser efectuado através de diferentes metodologias, nomeadamente o tratamento por plasma, o tipo de modificação química e a modificação física. O tratamento por plasma envolve a exposição das fibras a um plasma de gás de baixa pressão, o que resulta na formulação do grupo funcional para melhorar a propriedade adesiva entre a matriz e as fibras. As modificações químicas envolvem o tratamento da superfície da fibra com vários produtos químicos, tais como silanos, aminas e ácidos, que podem reagir na superfície da fibra e formar um tipo de ligação química utilizando a matriz composta. A modificação física envolve a alteração da superfície da fibra por meios mecânicos, tais como rugosidade, gravura ou jato de areia, o que melhora as interligações mecânicas entre a matriz e a fibra [10].

1.1.5 Materiais de matriz

Vários materiais de matriz, tais como resinas termoendurecidas, termoplásticos e seus compósitos, têm sido utilizados para o fabrico de PMCs multifuncionais de reforço de fibras de PE. A resina termoendurecida, como as resinas epóxi, poliéster e fenólica, tem sido amplamente utilizada como material de matriz devido à sua maior resistência, rigidez e durabilidade. No entanto, estas resinas têm alguns inconvenientes, nomeadamente a fragilidade, a menor estabilidade térmica e as temperaturas de cura mais elevadas. Os termoplásticos, como a poliamida, o polipropileno e a poliéter-éter-cetona, também têm sido utilizados como material matricial devido às suas excelentes propriedades térmicas, eléctricas e mecânicas. No entanto, as baixas ligações inter-faciais entre a matriz e a fibra e a dificuldade de processamento destes materiais limitaram a sua utilização. Os materiais de matriz híbrida, nomeadamente as misturas de polímeros, os nanocompósitos e os compósitos cerâmicos, estão também a ser utilizados para fabricar vários tipos de PMC multifuncionais reforçados com fibras de PE. Estes materiais de matriz híbrida podem ultrapassar as limitações dos materiais de matriz individuais e melhorar as propriedades globais do compósito [11].

1.1.6 Misturas de fibras / matrizes

O processo de mistura de fibras/matriz envolve a distribuição uniforme do tipo de fibras na configuração da matriz do material. Vários métodos de mistura, tais como a colocação manual, o tipo de vácuo de moldes assistidos por transferência de resina e moldagem por injeção, têm sido utilizados para o fabrico de PMCs multifuncionais de reforço de fibras de PE. A colocação manual envolve a colocação manual das fibras na matriz [12].

1.1.7 Desafios e direcções futuras

Apesar das propriedades promissoras e das potenciais aplicações dos PMCs multifuncionais reforçados com fibras de PE, é necessário enfrentar vários desafios para a sua utilização generalizada. A ligação inter-facial entre a fibra e a matriz continua a ser uma questão crucial, que pode afetar as propriedades mecânicas e a durabilidade do compósito. Além disso, o custo das fibras de PE e o processo de fabrico de PMCs multifuncionais reforçados com fibras de PE continuam a ser um desafio. Além disso, os efeitos dos factores ambientais, como a humidade, as temperaturas e a exposição aos raios UV, nas propriedades mecânicas e funcionais dos PMCs multifuncionais reforçados com fibras de PE têm de ser investigados mais aprofundadamente. No futuro, são necessários mais investigação e desenvolvimento para ultrapassar estes desafios e melhorar as propriedades e o desempenho dos PMCs multifuncionais reforçados com fibras de PE. O desenvolvimento de novas técnicas de tratamento de superfície, material de matriz [13].

Devido aos desenvolvimentos súbitos e tecnológicos no processamento de materiais e nos níveis tecnológicos de fabrico, houve uma necessidade crescente de desenvolver uma nova geração de materiais compósitos que possuíssem várias propriedades, para citar algumas delas - densidades mais baixas, leveza, maior resistência, rigidez e dureza. Entre as opções disponíveis, os compósitos de matriz metálica de alumínio podem oferecer as caraterísticas desejadas. Os materiais compósitos, em geral, são combinações cuidadosamente projectadas de dois ou mais materiais que são concebidos para atingir propriedades específicas. Os constituintes de qualquer material compósito, incluindo a fase de matriz e a fase de reforço com propriedades químicas ou físicas distintas, quando combinados, criarão um material compósito com propriedades únicas que diferem dos componentes individuais. A indústria dispõe de vários tipos de materiais compósitos de engenharia, ou seja, polímeros e matrizes cerâmicas e os MMCs (compósitos de matriz metálica) [14].

1.2 Compósitos de matriz metálica de alumínio

Os compósitos de matriz metálica de alumínio são uma escolha popular para o fabrico de produtos leves devido às suas densidades mais baixas e propriedades mecânicas específicas mais elevadas. Para obter propriedades que ultrapassem as das ligas convencionais, os materiais cerâmicos duros e quebradiços são normalmente dispersos na matriz. Embora as ligas de alumínio sejam abundantes na natureza e tenham rácios elevados de resistência em relação ao peso, não são ideais devido às suas propriedades de baixa resistência ao desgaste. Para melhorar as suas propriedades físicas, os compósitos híbridos são frequentemente utilizados como substitutos dos compósitos de matriz metálica. Os compósitos de matriz metálica são constituídos por 2 materiais, um dos quais é um metal, enquanto o outro pode ser um material diferente que serve de reforço. Os compósitos híbridos, que consistem em três constituintes, são utilizados para melhorar as propriedades dos compósitos de matriz metálica através da incorporação de reforços. A Fig. 1.4 apresenta uma panorâmica dos tipos de MMCs, juntamente com a aplicação de MMCs à base de Al na Fig. 1.5 [15].

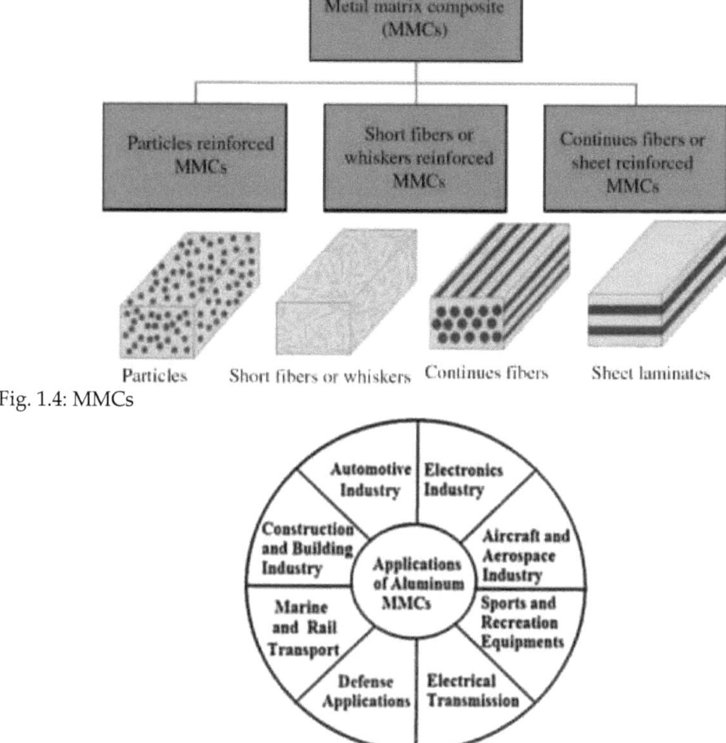

Fig. 1.4: MMCs

Fig. 1.5: Aplicações de MMCs à base de Al

Os compósitos de matriz de alumínio estão a ganhar uma enorme importância no domínio aeroespacial e automóvel devido às suas propriedades excepcionais que englobam propriedades mecânicas, físicas e tribológicas em relação aos metais monolíticos. Os graus de alumínio são escolhidos com base na sua adequação e nos efeitos que produzem. Os elementos de liga no alumínio são classificados como menores, maiores e o modificador microestrutural ou as impurezas impregnadas. No entanto, as impurezas de uma determinada liga podem ser um elemento maioritário noutra categoria de compósito. Atualmente, as ligas de alumínio-silício têm numerosas aplicações industriais. Vários investigadores analisaram o impacto dos elementos de liga, ou seja, elementos maioritários (titânio, cerâmica, cobalto, níquel, silício, manganês, magnésio, carbono), elementos menores (Ni, Sn) e elementos dopados com impurezas (ferro e zinco) sobre as microestruturas e as propriedades tribológicas das ligas de alumínio-silício. A Fig. 1.6-1.8 apresenta as propriedades mecânicas das fibras naturais [16].

As indústrias automóveis necessitarão de um nível mais elevado de resistência do compósito e devem possuir uma relação peso/resistência menor, o que resultou num aumento contínuo da produção do tipo de fundição injectada em liga de Al. Para satisfazer as exigências rigorosas de peças fundidas sob pressão de alta qualidade, com paredes finas e dimensionalmente precisas, são essenciais tecnologias de fundição avançadas. Na produção de fundição sob pressão, a ocorrência de fissuras a frio, que anteriormente não era considerada um problema grave, tornou-se uma preocupação significativa, juntamente com a precisão dimensional das peças fundidas. Para evitar estes defeitos, é fundamental utilizar um tipo de simulação numérica dependente da formação das estruturas mecânicas para prever a ocorrência de fissuras [17].

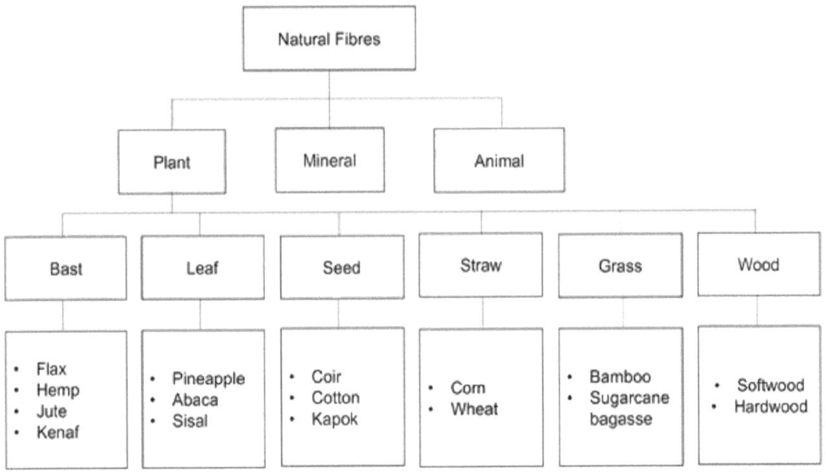

Fig. 1.6: Propriedades mecânicas da fibra natural e de outras fibras-1

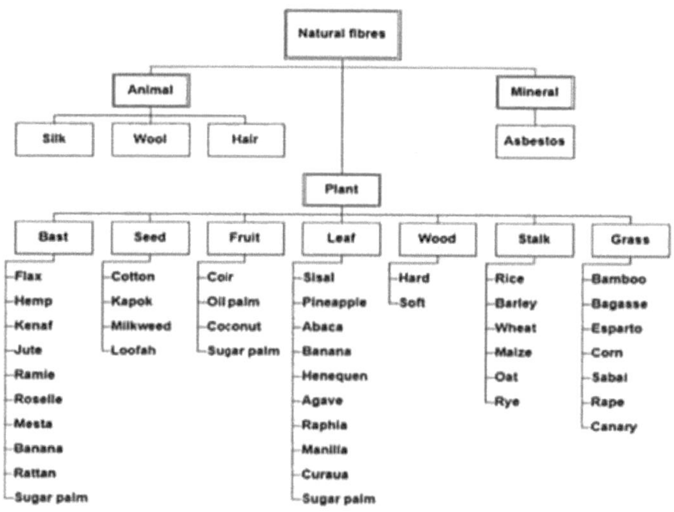

Fig. 1.7 : Propriedades mecânicas das fibras naturais e outras fibras-2

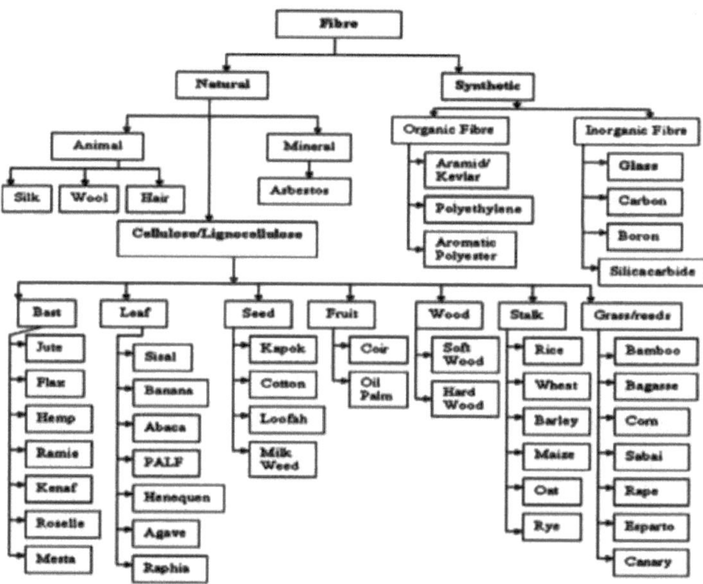

Fig. 1.8 : Propriedades mecânicas das fibras naturais e outras fibras-3

Apesar do desenvolvimento de várias técnicas de simulação térmica e de tensões para processos de fundição sob pressão, a previsão exacta da ocorrência de fissuras a frio continua a ser um desafio. A falta de informação e conhecimento suficientes sobre a formação de fissuras a frio no compósito quando sujeito a tensões é uma das razões para este caso. As fissuras de fundição sob pressão podem ser divididas em 2 tipos, dependendo dos tempos de ocorrência no processo de fundição - as que se formam durante a solidificação e as que se

11

formam durante o arrefecimento após a solidificação. As fissuras quentes ocorrem nas gamas de temperaturas de ductilidade mais baixas, perto da temperatura sólida do material de liga fundida, enquanto as fissuras mais frias aparecem a temperaturas mais baixas durante o processo de arrefecimento do material. Assim, as fractografias da fissura quente representam as dendrites / película metálica de líquidos solidificados, enquanto que a fissura fria tem boas fractografias semelhantes às do metal mecanicamente desenvolvido que é sujeito ao processo de factorização [18].

Na literatura, foram propostos vários mecanismos de formação de fissuras a quente para os processos de fundição contínua e de fundição sob forma, ao passo que, nos últimos anos, tem havido relativamente pouca investigação sobre fissuras a frio. No entanto, à medida que as peças fundidas sob pressão se tornam mais finas e com maior precisão dimensional, as fissuras a frio resultantes de restrições nos moldes, nos insertos ou nas próprias peças fundidas tornaram-se cada vez mais problemáticas e a necessidade de tecnologia de previsão para evitar tais defeitos está a aumentar. As fissuras a frio ocorrem durante o processo contínuo de arrefecimento do metal solidificado, com uma gama de temperaturas de cerca de 100 graus, o que torna difícil compreender as condições da sua formação devido às alterações radicais nas propriedades mecânicas do metal compósito, nomeadamente, resistências finais, deformações de fratura, tensões, módulos, etc. [19].

1.3 Objetivo da investigação

O principal objetivo desta investigação, apresentada no presente relatório, é...

• Desenvolvimento de um tipo de polímero improvisado de materiais compósitos, que seja mais eficaz do que os actuais materiais compósitos à base de polímeros em muitos aspectos, tais como durabilidade, ductilidade, desempenho, custo, fiabilidade, etc.

• para estudar as propriedades mecânicas Propriedades dos PMC's fabricados,

• para estudar as propriedades tribológicas dos PMC's fabricados,

• Estudar os efeitos dos reforços sobre as propriedades do material de base,

• Estudo da microestrutura da amostra de ensaio através da análise de imagens SEM.

• Desenvolver moldes especiais para facilitar a preparação de laminados para a produção de amostras para ensaios de tração, compressão, flexão, químicos e de desgaste.

• Fabricar laminados compósitos utilizando fibras de polietileno de peso molecular ultra-elevado UHMWPE fornecidas pelo fabricante e efetuar uma série de ensaios de tração, compressão e flexão.

• Realizar ensaios de desgaste em resina de polímero termoendurecível reforçada com fibras de polietileno de peso molecular ultra-elevado. As amostras mencionadas seriam submetidas a ensaios de desgaste abrasivo de dois corpos (ensaios de desgaste de pinos no disco), ensaios de desgaste abrasivo de três corpos (ensaio de desgaste de areia seca) e análise SEM.

• As amostras fabricadas de compósitos de polímeros reforçados com fibras serão submetidas a ensaios de ignição, de teor de vazios e de resistência química, de acordo com as normas ASTM em vigor.

• Extrair fibras vegetais da raiz aérea das figueiras-da-índia utilizando o processo de retração com água e utilizá-las para produzir compósitos adequados.

• Examinar a propriedade de tração e os grupos funcionais da fibra ARB alcalinizada e do tipo cru através de espetroscopia FTIR, e determinar os Índices de Cristalinidade CI e Tamanhos de Cristalite CS usando XRD. Para além disso, serão investigadas as estabilidades térmicas e a morfologia da superfície das fibras.

- Para avaliar as propriedades de flexão, tração, dureza Shore D e absorção de água H_2O do compósito feito através da combinação de fibra ARB alcalinizada e pó de grafeno com uma resina epóxi.

- Utilizar um Microscópio Eletrónico de Varrimento de Emissão de Campo (FESEM) para analisar a fractografia do tipo de fratura baseada na tração do espécime em relação aos compósitos fabricados.

- Otimizar vários parâmetros utilizados para criar um compósito de reforço de matriz polimérica hibridizada utilizando tapetes de fibras naturais e um núcleo de poliestireno.

É de notar que todos os objectivos acima mencionados são resolvidos agrupando 4 trabalhos contributivos apresentados nos capítulos 3-6, respetivamente.

1.4 Motivação obtida para realizar o trabalho de investigação proposto

Nesta secção, são apresentadas as razões que nos levaram a iniciar o trabalho de investigação sobre o trabalho de investigação proposto e o que nos motivou a iniciar o trabalho sobre o compósito. A utilização de compósitos de matriz polimerizada (PMCs) tem merecido grande atenção nos dias de hoje devido às suas excelentes propriedades mecânicas, baixa densidade e resistência à corrosão. Os PMCs são abundantemente utilizados em diferentes tipos de indústrias, incluindo a automóvel, a aeroespacial, a marítima e na construção, devido à sua maior relação peso/resistência, durabilidade e flexibilidade. No entanto, as propriedades funcionais limitadas dos PMCs tornaram-se um desafio significativo para a sua utilização generalizada [20].

A incorporação de materiais multifuncionais nos PMCs pode melhorar as suas propriedades funcionais, tais como a condutividade térmica e eléctrica, a proteção contra interferências electromagnéticas, a auto-regeneração e a absorção de energia. Estes materiais multifuncionais podem incluir nanopartículas, nanotubos de carbono, grafeno e outros materiais funcionais. Uma das abordagens mais promissoras para melhorar as propriedades funcionais dos PMCs é a incorporação de fibras multifuncionais na matriz do compósito. A utilização de fibras multifuncionais em PMCs pode proporcionar funcionalidades adicionais aos compósitos, tais como deteção, acionamento e captação de energia. Entre as várias fibras, as fibras de polietileno ganharam uma atenção significativa devido às suas excelentes propriedades mecânicas e elevada condutividade eléctrica [21].

A motivação subjacente à investigação sobre *"conceção e desenvolvimento de compósitos de matriz polimérica reforçados com fibras de polietileno multifuncionais"* é explorar o potencial da utilização de fibras de polietileno como materiais multifuncionais em PMCs. A investigação tem como objetivo desenvolver uma nova geração de PMCs com propriedades funcionais melhoradas que podem ser utilizadas em diferentes tipos de cenários [22].

A utilização de fibras de polietileno multifuncionais em PMCs pode proporcionar várias vantagens, tais como melhores propriedades mecânicas, condutividade térmica e condutividade eléctrica. Estas fibras podem também proporcionar capacidades de deteção e acionamento, tornando-as adequadas para estruturas inteligentes e aplicações de engenharia avançada. O desenvolvimento de compósitos multifuncionais de matriz polimérica reforçados com fibras de polietileno requer a otimização de uma série de variáveis, nomeadamente, o teor de fibras, a orientação das fibras e as condições de processamento. O estudo terá como objetivo realizar uma investigação mais aprofundada do efeito destes parâmetros nas propriedades funcionais e mecânicas do compósito [23].

A investigação visa também descobrir o poder de utilização destes compósitos em diferentes cenários, nomeadamente, aplicações automóveis, aplicações aeroespaciais e empresas marítimas. A utilização de PMC multifuncionais nestas indústrias pode proporcionar benefícios significativos, tais como maior eficiência de combustível, peso reduzido e maior durabilidade. Em conclusão, a motivação subjacente à investigação sobre *"conceção e desenvolvimento de compósitos de matriz polimérica reforçados com fibras de polietileno multifuncionais"* é desenvolver uma nova geração de PMCs com propriedades funcionais melhoradas. A utilização de fibras de polietileno multifuncionais em PMCs pode proporcionar vários méritos, nomeadamente, melhoria das propriedades mecânicas, da condutividade térmica e da condutividade eléctrica. A pesquisa tem como objetivo a investigação dos vários efeitos dos diferentes parâmetros mecânicos nas propriedades mecânicas e funcionais dos compósitos e explorar o potencial de utilização dos compósitos em várias aplicações [24].

1.5 Definição do problema

A declaração do problema para a investigação sobre o tema *'conceção e desenvolvimento de compósitos multifuncionais de matriz polimérica reforçados com fibras de polietileno'* foi formada com base na necessidade de materiais de alto desempenho que podem servir múltiplas funções em diferentes aplicações. O objetivo era conceber e desenvolver uma nova geração de materiais compósitos que pudessem satisfazer as exigências de uma área mais vasta de empresas, nomeadamente, automóvel, construções aeroespaciais e desporto [25].

O problema foi definido através de uma revisão exaustiva do estado atual da arte dos materiais compósitos e das suas aplicações. A revisão revelou que, embora os materiais compósitos tenham sido amplamente utilizados em diferentes indústrias, existem ainda limitações em termos do seu desempenho e funcionalidade. Por exemplo, os materiais compósitos tradicionais são fortes e rígidos, mas carecem de outras propriedades, nomeadamente a tenacidade, a durabilidade e a condutividade eléctrica, que são necessárias em algumas aplicações [26].

O principal objetivo desta investigação é ultrapassar estas limitações e desenvolver compósitos que possam combinar várias propriedades para satisfazer as necessidades de diferentes indústrias. As fibras de polietileno foram escolhidas como material de reforço devido às suas propriedades mecânicas improvisadas, baixa densidade e resistência ambiental à degradação. A matriz polimérica foi selecionada com base na sua compatibilidade com as fibras de reforço e na sua capacidade de fornecer as propriedades desejadas, tais como dureza, durabilidade e condutividade eléctrica [27].

Para definir o enunciado do problema, a equipa de investigação começou por identificar os requisitos específicos dos compósitos multifuncionais em diferentes indústrias. Por exemplo, no sector aeroespacial, os compósitos devem ser leves, resistentes e capazes de suportar temperaturas e pressões elevadas. Na indústria automóvel, os compósitos devem ter uma elevada resistência ao impacto, tenacidade e capacidade de suportar a fadiga e as vibrações [28].

Com base nos requisitos de diferentes sectores, o enunciado do problema foi definido da seguinte forma: *"Conceber e desenvolver uma nova geração de compósitos multifuncionais de matriz polimérica reforçados com fibras de polietileno que possam satisfazer as necessidades específicas de diferentes indústrias, incluindo a aeroespacial, a automóvel, a da construção e a desportiva. Os compósitos devem combinar várias propriedades, incluindo resistência, rigidez, tenacidade, durabilidade, condutividade eléctrica e estabilidade térmica, para proporcionar um elevado desempenho e funcionalidade em várias aplicações"*.

A equipa de investigação formulou então objectivos específicos para alcançar a declaração do problema, tais como desenvolver um novo método de processamento para incorporar as fibras de polietileno na matriz polimérica, otimizar a interface da matriz de fibras para melhorar as propriedades mecânicas de vários compósitos e caraterizar diferentes propriedades dos compósitos utilizando vários métodos de ensaio [29].

Em conclusão, a declaração do problema para a investigação sobre o tema *"conceção e desenvolvimento de compósitos multifuncionais de matriz polimérica reforçados com fibras de polietileno"* foi formada com base na necessidade de materiais de elevado desempenho que possam servir múltiplas funções em diferentes aplicações. O enunciado do problema foi definido através de uma revisão exaustiva dos conceitos tecnológicos actuais em materiais compósitos e suas aplicações. Foram formulados objectivos específicos para alcançar o enunciado do problema, que incluíam o desenvolvimento de um novo método de processamento para incorporar as fibras de polietileno na matriz polimérica, a otimização das interfaces fibra-matriz e a caraterização das propriedades dos compósitos utilizando vários métodos de ensaio [30].

1.6 Metodologia geral proposta para a resolução de todos os objectivos

O trabalho de investigação global envolve estudos pormenorizados relativos aos seguintes aspectos.

• Desenvolver um novo sistema de manuseamento de resinas para processamento de resinas.

• Desenvolver moldes especiais para facilitar a preparação de laminados para a produção de amostras para ensaios de tração, compressão, flexão, químicos e de desgaste.

• Fabricar laminados compósitos utilizando fibras de polietileno de peso molecular ultra-elevado UHMWPE fornecidas pelo fabricante e efetuar uma série de ensaios de tração, compressão e flexão.

• Realização de ensaios de desgaste em resina polimérica termoendurecível reforçada com fibras de polietileno de peso molecular ultra-elevado.

• As amostras mencionadas seriam submetidas a ensaios de abrasão de dois corpos (ensaios de desgaste de pinos no disco), ensaios de abrasão de três corpos (ensaio de desgaste de areia seca) e análise SEM.

• As amostras fabricadas de compósitos de polímeros reforçados com fibras serão submetidas a ensaios de ignição, de teor de vazios e de resistência química, de acordo com as normas ASTM em vigor.

• Análise microestrutural - Devem ser geradas imagens SEM tanto para o pó de rocha como para a liga LM24 na sua forma de base. A gama de tamanhos de partículas de pó de rocha deve ser conhecida.

• Análise microestrutural do MMC preparado - Imagens microestruturais do PMC a serem geradas para mostrar o reforço de pó de rocha em todas as amostras.

• Preparação da amostra - MMC a ser desenvolvido usando Stir Casting com um agitador mecânico. Adiciona-se pó de rocha ao tipo de fusão da liga LM24 e agita-se para obter uma distribuição uniforme das partículas. Durante o arrefecimento, o compósito pode ser deixado numa matriz ou pode ser utilizada a fundição por pulverização.

1.7 Relevância / Significado industrial e visão geral do trabalho de investigação

Os resultados do trabalho de estudo proposto serviriam como valiosos substitutos das importações e produtos de valor acrescentado economicamente acessíveis para consumo em massa pela indústria indiana. A contribuição para o conhecimento, tanto a nível académico como industrial (através de uma transferência de tecnologia adequada), poderá ser substancial, uma vez que não tem sido realizada muita investigação aplicada neste sentido. Os principais beneficiários/agências utilizadoras dos resultados do estudo serão as indústrias automóvel, química, eletrónica de consumo e espacial. O trabalho realizado neste projeto está principalmente relacionado com o desenvolvimento dos PMC selecionados, utilizando as matrizes de epóxi, poliéster e poliuretano, prontamente disponíveis no mercado indiano, com base numa breve pesquisa do mercado indiano. A este respeito, o trabalho de investigação teria como objetivo desenvolver PMCs, com base na combinação óptima dos seguintes subsistemas e das resinas a serem sintetizadas no centro de I&D, sendo este o âmbito do trabalho de investigação [31].

2 Pesquisa bibliográfica

Um grande número de investigadores tem trabalhado no tema *"Desenvolvimento de compósitos de matriz polimérica reforçados com fibras de polietileno multifuncionais"*. Neste capítulo, é apresentada uma breve revisão do trabalho efectuado por vários autores, com as suas vantagens e desvantagens. Para começar, foram recolhidos 100 artigos de investigação de várias fontes, estudados em toda a sua extensão, analisadas as suas vantagens, desvantagens, etc., e foi publicado um artigo de revisão numa conferência de renome e numa revista indexada à Scopus. Neste capítulo, é apresentada apenas uma pesquisa bibliográfica exaustiva [1] - [200] dos trabalhos de investigação efectuados por vários autores em todo o mundo até à data, no que diz respeito ao trabalho realizado neste campo excitante e orientado para a aplicação dos compósitos.

2.1 Análise dos trabalhos de investigação efectuados até à data por vários investigadores

No âmbito do projeto de investigação proposto, é realizada uma pesquisa bibliográfica para compreender os processos de produção, as propriedades e o comportamento ao desgaste dos compósitos de matriz metálica, bem como o impacto da extrusão nas caraterísticas destes materiais. Adicionalmente, a pesquisa visa investigar os resíduos gerados pela extração de agregados, carvão e outros recursos minerais, que resultam de vários factores como a contaminação, zonas de falha e métodos de processamento [32].

Uma pesquisa bibliográfica é um aspeto essencial de qualquer estudo de investigação, e desempenha um papel vital no desenvolvimento do compósito multifuncional de matriz polimérica reforçado com fibras de polietileno (PE). A razão para a realização de uma pesquisa bibliográfica é identificar o conhecimento existente, a(s) investigação(ões) e os avanços no campo, bem como identificar quaisquer lacunas ou limitações que possam ser abordadas através do estudo proposto. No caso do desenvolvimento de compósitos multifuncionais de matriz polimérica reforçados com fibras de PE, a pesquisa bibliográfica começaria normalmente com uma revisão dos conceitos e princípios básicos relacionados com os compósitos, tais como os tipos de compósitos, as suas propriedades e os seus processos de fabrico. Este ponto seria continuado com uma pesquisa bibliográfica sobre as propriedades e as caraterísticas das fibras do tipo polietileno, o seu fabrico e a sua utilização como material de reforço em compósitos [33].

Em seguida, a pesquisa bibliográfica centrar-se-ia nos trabalhos de investigação realizados sobre o desenvolvimento de compósitos multifuncionais, com especial incidência nos que utilizaram fibras de polietileno como material de reforço. Isto incluiria estudos sobre a incorporação de vários materiais funcionais na matriz, tais como cargas condutoras, ligas com memória de forma e agentes de auto-regeneração, e o seu efeito nas propriedades do compósito. A pesquisa bibliográfica abrangeria também as várias técnicas de fabrico que foram desenvolvidas para o fabrico do compósito de matriz polimerizada de reforço de fibras de PE multifuncionais, tais como a utilização de electrospinning, mistura por fusão e polimerização in-situ. Isto envolveria uma revisão das vantagens e limitações de cada técnica e os efeitos das variáveis processadas nas propriedades dos compósitos [34].

Por fim, o estudo bibliográfico exploraria as aplicações de compósitos multifuncionais de matriz polimérica reforçados com fibras de PE em diferentes empresas, nomeadamente aeroespacial, automóvel e de construção, o que envolveria uma revisão da investigação e dos produtos comerciais existentes nestas indústrias e uma identificação de quaisquer lacunas ou limitações que possam ser abordadas através do estudo proposto. De um modo geral, o estudo bibliográfico para o desenvolvimento de fibras de PE multifuncionais reforçadas com o tipo de polímero de matriz compósita é uma revisão exaustiva dos conhecimentos e da investigação existentes neste domínio, com um enfoque específico na utilização de fibras de polietileno como materiais reforçados. Em seguida, o estudo ajuda a identificar as lacunas e limitações da investigação atual e fornece a base para o estudo proposto [35].

Nos últimos anos, a utilização de compósitos reforçados com fibras tem vindo a aumentar devido aos seus custos de produção mais baixos, à sua leveza, à sua elevada resistência à fratura e ao melhor controlo das propriedades termomecânicas. Por exemplo, estão a ser considerados para as estruturas da fuselagem de aviões comerciais. A conceção de cubos de rotores de helicópteros sem dobradiças e sem rolamentos também emprega materiais compósitos laminados, que sofrem cargas centrífugas e flexão na região de flexão de flapping. Para satisfazer a procura de um melhor desempenho destes materiais estruturais, torna-se necessário avaliá-los sob cargas multiaxiais. As cargas combinadas de flexão e tensão desempenham um papel significativo não só na análise do projeto das juntas rebitadas e adesivas da fuselagem, mas também na análise da viga Flex que liga o cubo e a pá do rotor [36].

Foram numerosos os investigadores que trabalharam no tema da conceção e desenvolvimento de compósitos multifuncionais de matriz polimérica reforçada à base de fibras de polietileno (PE), e o campo está em constante expansão. Seguem-se alguns exemplos de investigadores notáveis nesta área, considerados e citados em [37].

Prof. Yoonessi & Mitra : trabalhou extensivamente na investigação na área dos compósitos poliméricos. Os seus interesses de investigação incluem a conceção e o desenvolvimento de compósitos multifuncionais utilizando vários materiais de reforço, incluindo fibras de polietileno [38].

Dr. Lee, Jinwoo: conduziu investigação no domínio do desenvolvimento de compósitos multifuncionais utilizando fibras de polietileno como material de reforço. A sua investigação centrou-se na utilização destes compósitos em empresas do sector automóvel e aeroespacial [39].

Dr. Chen, Zhongwei : conduziu investigação sobre a conceção e o fabrico de compósitos multifuncionais utilizando vários materiais de reforço, incluindo fibras de polietileno. A sua investigação centrou-se no desenvolvimento de compósitos com propriedades mecânicas e térmicas melhoradas [40].

Dr. Kim, Nam Hoon: conduziu investigação sobre a conceção e o fabrico de compósitos multifuncionais utilizando fibras de polietileno como material de reforço. A sua investigação centrou-se no desenvolvimento do material compósito tendo em conta a melhoria das propriedades eléctricas e térmicas [41].

Dr. Das, Suman: realizou trabalhos de investigação sobre a conceção e o desenvolvimento de materiais compósitos multifuncionais utilizando fibras de polietileno e outros materiais de reforço. A sua investigação centrou-se na utilização destes compósitos nos domínios biomédico e energético [42].

Dr. Kim, Jaehwan : É um investigador ativo e contribuiu significativamente para o desenvolvimento de compósitos multifuncionais para aplicações aeroespaciais. A sua investigação centra-se na integração de materiais funcionais em matrizes poliméricas para obter propriedades adaptadas, incluindo a utilização de fibras de polietileno como material para estruturas de reforço [43].

Dr. Wang, Chao: realizou investigação sobre a conceção e o fabrico de compósitos multifuncionais utilizando várias técnicas de processamento. A sua investigação centrou-se também na utilização de fibras de polietileno como materiais de reforço e na incorporação de materiais funcionais na matriz [44].

Dr. Tandon & Gaurav: realizou trabalhos de investigação sobre a conceção e a caraterização do compósito multifuncional para várias aplicações. Os seus interesses de investigação incluem o desenvolvimento do polietileno e do tipo de fibra reforçada com propriedades mecânicas e funcionais melhoradas [45].

Dr. Guo, Zhixiong: realizou uma extensa investigação sobre a conceção e o fabrico de compósitos multifuncionais utilizando fibras de polietileno como material de reforço. A sua investigação centrou-se no desenvolvimento de compósitos que utilizam propriedades mecânicas, térmicas e eléctricas melhoradas [46].

Dr. Czigany, Tibor: conduziu trabalhos de investigação sobre o fabrico e caraterização de materiais compósitos multifuncionais utilizando várias técnicas de processamento. A sua investigação centrou-se na utilização de fibras de polietileno como materiais reforçados para aplicações nas indústrias automóvel e aeroespacial [47].

Dr. Liu, Huimin : conduziu investigação sobre a conceção e o fabrico de compósitos multifuncionais utilizando fibras de polietileno e outros materiais de reforço. A sua investigação centrou-se na utilização de materiais compósitos em trabalhos relacionados com a bio-medicina e a energia [48].

Dr. Kausar & Ayesha: conduziu investigação sobre o desenvolvimento de compósitos multifuncionais utilizando fibras de polietileno como material de reforço. A sua investigação centrou-se na utilização do material compósito em cenários relacionados com a biomedicina e a energia [49].

Estes são apenas alguns exemplos dos muitos investigadores que contribuíram para o desenvolvimento de compósitos multifuncionais de matriz polimérica reforçada à base de fibras de polietileno. A sua investigação tem ajudado a fazer avançar este domínio e a identificar novas aplicações para estes materiais. A natureza interdisciplinar deste domínio reúne investigadores de várias origens, incluindo a ciência dos materiais, a engenharia mecânica e a engenharia aeroespacial, entre outras, para colaborarem e fazerem avançar este domínio [50].

Os materiais plásticos reforçados com fibras apresentam um comportamento complexo devido às suas propriedades anisotrópicas e não homogéneas, conduzindo a vários mecanismos de rutura, particularmente sob condições de carga multiaxial. Os materiais compósitos poliméricos apresentam uma maior resistência à flexão do que à tração, com rácios entre a resistência à flexão de 3 pontos e a resistência à tração que variam entre 1,3 e 1,5, tal como referido por Wisnom *et.al.* na sua revisão. Os rácios previstos utilizando a análise de resistência Weibull para diferentes materiais frágeis estavam em total concordância com os valores medidos [51].

Bosia e colegas estudaram a relação entre as deformações e a espessura de placas compósitas laminadas sob cargas de flexão de 3 pontos. Descobriram que a utilização de uma carga concentrada nestas experiências aumentava as não linearidades perto da carga aplicada.

Entretanto, Palmer e colegas investigaram o impacto da dimensão do entalhe central no comportamento dos laminados compósitos sob tensão pura, flexão e carga combinada de flexão/tensão. Os seus resultados revelaram que os ensaios de flexão pura produziram tensões de rutura (deformação) mais elevadas do que os ensaios de tensão pura. Nos ensaios combinados de flexão/tensão, o aumento do comprimento do entalhe levou a uma rutura com baixa carga, enquanto a tensão de flexão na rutura aumentou com o comprimento do entalhe. Noutro estudo, Murriat & colegas realizaram ensaios em laminados cónicos não lineares de uma viga compósita de um cubo de rotor de helicóptero em tamanho real sob tensão axial constante e cargas de flexão cíclicas [52].

O ensaio de fadiga de cada amostra foi efectuado selecionando a carga de tensão axial e o deslocamento transversal para simular o nível máximo de deformação superficial na viga flexível. Todos os espécimes falharam de forma semelhante, tendo a delaminação começado como uma fissura de matriz na ponta do grupo de gotas de lona na região cónica e crescido nas interfaces sem falha catastrófica da viga flexível. Embora a maioria das estruturas esteja sujeita a tensões biaxiais ou triaxiais, os estudos sobre estas condições de carga são limitados. Por conseguinte, o objetivo da investigação é aprofundar o comportamento dos compósitos de FRP tecidos sob cargas combinadas de flexão/tensão. O estudo também investigará os efeitos da tensão pura, da flexão pura e da flexão e tensão combinadas no espécime tecido padrão. Adicionalmente, a investigação examinará as deformações superficiais, deslocamentos fora do plano, propriedades de tração e flexão, e modos de falha nestes compósitos [53].

A pesquisa da literatura revelou uma procura global significativa de materiais biodegradáveis, em particular compósitos reforçados com fibras naturais, devido às suas propriedades favoráveis, incluindo biodegradabilidade parcial, baixo peso, processos de fabrico simples e propriedades mecânicas comparáveis. Apesar da existência de numerosas variedades de plantas produtoras de fibras naturais em todo o mundo, os investigadores ainda não estudaram as propriedades de muitas destas fibras vegetais. A exploração de novas fibras naturais e o desenvolvimento de compósitos reforçados com fibras vegetais podem beneficiar tanto os agricultores como as indústrias, acrescentando valor aos resíduos agrícolas e reduzindo o custo de produção dos compósitos de fibras vegetais. Os autores deste estudo procuraram novas fibras vegetais e descobriram que as raízes aéreas da figueira-da-índia produzem fibras, que ainda não foram caracterizadas em nenhum artigo de investigação até à data [54].

O processo de obtenção de fibras ARB envolve a utilização do método convencional de retração com água neste estudo. As fibras brutas extraídas são depois misturadas com soluções de Na-OH a 10% durante cerca de 45 minutos para melhorar as suas propriedades. A composição da estrutura química, os índices cristalinos, o tamanho da rede cristalina, a estabilidade no modo térmico, a energia de ativação cinética, as propriedades de tração e a morfologia da superfície das fibras de ARB em bruto e alcalinizadas são avaliados e comparados com outras fibras vegetais conhecidas. Adicionalmente, o estudo fabrica compósitos de fibra ARB alcalinizada e epóxi reforçado com pó de grafeno, e avalia as suas propriedades de tração, flexão, dureza e absorção de água. Além disso, o estudo fabrica diferentes tipos de tapetes de fibras naturais e compósitos de polímero em sanduíche reforçados com núcleo de poliestireno e optimiza os seus parâmetros de fabrico utilizando o método Grey-Taguchi [55].

No processo de extração manual, as fibras são colhidas diretamente da planta, limpas e secas antes de serem utilizadas como reforço. Este método é normalmente utilizado para extrair fibras de folhas e flores. Por exemplo, Kathiresan *et.al.* extraíram manualmente as fibras de Artisdita hystrix da sua folha e secaram-nas numa atmosfera aberta durante quatro dias. Do mesmo modo, Prithiviraj *et.al.* separaram manualmente as fibras dos fluxos da planta Perotis indica, lavaram-nas com água da torneira e água desmineralizada e desidrataram-nas à temperatura ambiente numa sala fechada. Rajesh Jesudoss Hyness *et.al.* arrancaram à mão as fibras da erva Heteropogon Contortus da parte superior da planta e caracterizaram-nas posteriormente quanto às suas propriedades [56].

Existem duas técnicas principais de processo de maceração com água utilizadas para extrair fibras, nomeadamente a maceração com água armazenada e a maceração com água corrente. Na maceração com água armazenada, as partes das plantas que produzem fibras são submersas em água armazenada (como pequenos lagos, barris de plástico ou banheiras) durante um período específico. Este método promove o rápido desenvolvimento de microrganismos e facilita a rápida retração das fibras em comparação com a retração em água corrente. No entanto, é perigoso para a saúde dos trabalhadores. Por outro lado, na maceração em água corrente, as fibras são submersas em fontes de água corrente, como riachos ou rios. Embora o processo de maceração seja mais lento neste método, é mais seguro para os trabalhadores [57].

Senthamaraikannan *et.al.* recolheram caules de Coccinia grandis e submeteram-nos a uma depuração biológica, submergindo-os num pequeno reservatório de água durante uma semana para remover a pele exterior dura do caule. A camada interior do caule foi depois enxaguada várias vezes em H_2O corrente para eliminar as impurezas provenientes das diferentes fibras. Em seguida, as fibras extraídas são colocadas numa estufa de secagem à luz do sol durante 2-3 dias para eliminar qualquer humidade remanescente. Uma forma de representar as plantas de Coccinia grandis L, o processo de extração e as fibras obtidas a partir delas [58].

Balaji *et.al.* utilizaram o processo de retração com água para extrair as fibras das folhas de Saharan Aloe Vera Cactus (SAVC). As folhas foram esmagadas à mão e submersas em água durante duas semanas. Depois, a parte restante das folhas foi lavada com H_2O destilada para remover a polpa e as impurezas. As fibras extraídas são depois submetidas a uma secagem à luz do sol durante dez horas para eliminar a humidade residual. Indran *et.al.* descobriram uma nova fibra vegetal a partir do caule da cissus quadrangularis (CQ). Depois, as plantas CQ foram embebidas em água durante duas semanas para serem submetidas a degradação microbiana. As fibras extraídas serão depois secas e lavadas à luz do sol para remover o excesso de humidade. Foi utilizada uma escova metálica para pentear a superfície da fibra e remover as partículas residuais [59].

O processo de extração mecânica envolve a utilização de um decorticador mecânico para esmagar os materiais indesejados, como a polpa, as gomas e a polpa que envolve as fibras. Este decorticador está equipado com dois rolos que esmagam as partes da planta que produzem fibras. Sreenivasan *et.al.* utilizaram este método para extrair fibras de folhas cilíndricas de Sansevieria. As folhas foram esmagadas mecanicamente com um decorticador para remover a polpa envolvente. As fibras extraídas foram depois secas à luz do sol e penteadas para as separar. Um diagrama esquemático do decorticador mecânico utilizado neste processo foi observado graficamente [60].

As folhas de Sansevieria ehrenbergii foram colhidas manualmente por Sathishkumar *et.al.* e todas as partes indesejadas foram removidas com uma faca. As folhas foram depois limpas por lavagem com água para remover quaisquer contaminantes. As folhas limpas foram então introduzidas num decorticador mecânico, que esmagou as folhas e removeu as gomas e a pele. As fibras extraídas foram finalmente enxaguadas cuidadosamente com H_2O e finalmente sujeitas a secagem à luz do sol durante 2-3 dias [61].

O procedimento de extracções combinadas de H2O e mecânicas com a extração mecânica envolve a utilização de uma combinação de degradação biológica e penteação mecânica para extrair fibras finas de materiais vegetais [62].

Manimaran *et.al.* utilizaram a casca da planta Pithecellobium Dulce (PD) neste processo. As cascas interiores foram extraídas e sujeitas a degradação biológica durante 15 dias à temperatura ambiente. Depois disso, as cascas retorcidas foram penteadas mecanicamente para obter fibras finas de PD. Estas fibras são sujeitas a uma lavagem completa com H2O e, finalmente, sujeitas a um modo de secagem à temperatura ambiente durante uma semana antes de serem caracterizadas [63].

Do mesmo modo, Manimaran *et.al.* colheram as folhas da planta Furcraea Foetida (FF) e submergiram-nas em água durante duas semanas à temperatura atmosférica. Depois disso, as folhas foram submetidas a uma trituração mecânica com um pente de metal para separar as fibras. As fibras extraídas são submetidas a lavagens repetidas com H2O desmineralizada para remover quaisquer ingredientes indesejados e impurezas fibrosas. Kommula *et.al.* (2013) utilizaram uma combinação de retração com água e penteação mecânica para extrair fibras de caules de erva Napier. As fibras extraídas foram submetidas a um processo de lavagem minucioso com água corrente e, em seguida, foram secas à luz do sol durante uma semana para eliminar qualquer excesso de humidade presente nas mesmas. O processo de retração combinada com água e extração mecânica envolve a utilização de uma combinação de degradação biológica e penteação mecânica para extrair fibras finas de materiais vegetais [64].

Manimaran *et.al.* (2018) utilizaram a casca da planta Pithecellobium Dulce (PD) neste processo. As cascas internas foram extraídas e submetidas à degradação biológica durante 15 dias à temperatura ambiente. Em seguida, as cascas retorcidas foram penteadas mecanicamente para obtenção de fibras finas de PD. As fibras foram limpas com água e secas ao ar durante uma semana à temperatura ambiente antes da caraterização [65].

Do mesmo modo, Manimaran *et.al.* colheram as folhas da planta Furcraea Foetida (FF) e submergiram-nas em água durante duas semanas à temperatura atmosférica. Depois disso, as folhas foram submetidas a uma trituração mecânica com um pente de metal para separar as fibras. As fibras extraídas são submetidas a lavagens repetidas com H2O desmineralizada para remover quaisquer ingredientes indesejados e impurezas fibrosas. Kommula *et.al.* utilizaram uma combinação de maceração com água e penteação mecânica para extrair fibras de caules de erva Napier. As fibras obtidas foram lavadas com água e secas durante uma semana à temperatura ambiente para eliminar o excesso de humidade [66].

Madhu e os seus colegas recolheram a casca da planta Prosopis Juliflora (PJ). A fibra em bruto foi embebida em água durante 14 dias para iniciar a degradação microbiana. Depois disso, as camadas exteriores da casca foram removidas, deixando a casca interior intacta. A casca interior foi então penteada com um pente de metal para obter fibras finas, que foram posteriormente secas à luz do sol durante uma semana para eliminar a humidade. Abderrezak Bezazie *et.al.* recolheram as folhas das plantas de Agavea Americena L-. As folhas recolhidas foram submetidas a dois processos diferentes de extração de fibras: enterradas na terra e armazenadas em água. No caso do enterramento na terra, as folhas colhidas foram enterradas debaixo da terra a uma profundidade de 30-40 cm durante três meses. Após 3 meses, as fibras retidas foram recolhidas. No caso da retração em água armazenada, as folhas colhidas foram submersas em água armazenada (barril de plástico fechado) durante 13 dias. O ambiente de água estocada acelera o processo de retração devido ao rápido crescimento das bactérias. Após a maceração, a fibra foi lavada e seca à luz do dia durante 3 dias. Foram observadas fibras extraídas de Agave Americana [67].

Truong e os seus colegas efectuaram uma revisão de vários métodos possíveis utilizados para determinar as densidades das fibras vegetais, incluindo o método de cálculo das densidades lineares e dos diâmetros, o método de Arquimedes, o método de picnometria de hélio, o método da coluna de gradiente e o método de picnometria líquida. Concluíram que o método de Arquimedes e a picnometria de hélio são os métodos recomendados para medir a densidade das fibras vegetais. Estes métodos são económicos e fornecem resultados mais precisos do que outros métodos [68].

Neste contexto, o investigador realizou um conjunto de experiências no Departamento de Engenharia Mecânica da Faculdade de Engenharia Dr. Sri Shivakumara Mahaswamy. O investigador conduziu um conjunto de experiências no Departamento de Engenharia Mecânica da Faculdade de Engenharia Dr. Sri Shivakumara Mahaswamy, Byranayakanahalli, Nelamangala Taluk, Distrito Rural de Bengalore, Bangalore, para investigar as propriedades mecânicas do material compósito de polímero reforçado com fibra de vidro do tipo sisal. Para fornecer informações de base, metodologias e uma avaliação crítica da investigação anterior, foi efectuada uma extensa revisão da literatura. O principal objetivo desta investigação foi o desenvolvimento de compósitos poliméricos e a investigação das caraterísticas físicas, morfológicas e mecânicas do material compósito hibrido reforçado com fibras de vidro do tipo sisal para aplicações gerais e de engenharia. A revisão da literatura centra-se nos compósitos reforçados com fibras, no tipo natural de compósitos híbridos reforçados com fibras e na aplicação de compósitos de fibras naturais. Os compósitos reforçados com fibras possuem excelentes propriedades mecânicas em contraste com os materiais de matriz sem reforço, uma vez que consistem em fibras rígidas e fortes, que são frequentemente frágeis, rodeadas por um tipo de material de matriz mais maleável e dúctil [69].

Nas últimas décadas, várias indústrias, como a automóvel, a aeroespacial, a dos transportes e a da construção, têm exigido materiais mais fortes, mais rígidos e mais leves. Para satisfazer esta procura, as fibras naturais têm sido exploradas como um substituto viável das fibras sintéticas dispendiosas e não renováveis. Esta mudança para materiais amigos do ambiente levou os investigadores a desenvolver novos compósitos de base biológica, com especial destaque para os compósitos de fibras naturais (ou seja, biocompósitos) compostos por resinas naturais ou sintéticas reforçadas com fibras naturais. As fibras naturais possuem muitas propriedades superiores, são recursos altamente renováveis e são fáceis de processar. Este estudo tem como objetivo investigar as caraterísticas físicas, mecânicas e morfológicas dos compósitos poliméricos reforçados com fibra de vidro de sisal para aplicações gerais e de engenharia [70].

As caraterísticas mecânicas dos compósitos reforçados com fibras naturais são influenciadas por vários factores, tais como a resistência da fibra, o módulo, o comprimento, a orientação e a resistência da ligação interfacial fibra-matriz. Uma forte ligação entre a fibra e a matriz é crucial para alcançar elevadas propriedades mecânicas nos compósitos, permitindo uma transferência efectiva de tensões da matriz para a fibra, maximizando assim a utilização da força da fibra. De acordo com Karnani *et.al.*, as propriedades mecânicas dos compósitos dependem da resistência da ligação entre a fibra e a matriz. Esta investigação investigou as propriedades mecânicas de diferentes fibras naturais, como o sisal, o kenaf, o cânhamo, a juta e a fibra de coco, e comparou-as com compósitos de polipropileno reforçados com tecido de vidro. Os resultados mostraram que os compósitos de kenaf, cânhamo e sisal apresentavam uma resistência à tração e um módulo semelhantes, enquanto o cânhamo tinha melhor resistência ao impacto do que o kenaf. Os compósitos reforçados com fibra de coco apresentaram as propriedades mecânicas mais baixas, mas a sua resistência ao impacto foi superior à dos compósitos de juta e kenaf. Por conseguinte, o estudo concluiu que os compósitos de fibras naturais podem ter um desempenho comparável ao dos reforçados com fibras de vidro [71].

Foi efectuado um estudo para analisar o efeito do envelhecimento nas caraterísticas mecânicas das fibras de sisal. O estudo mostrou que as fibras de sisal frescas tinham melhor tenacidade, resistência à rutura e alongamento em comparação com as fibras com aproximadamente um ano de idade. No entanto, os compósitos reforçados com fibras de sisal envelhecidas tinham propriedades mecânicas superiores às dos reforçados com fibras frescas. Isto deveu-se a uma melhor adesão entre a matriz e as fibras envelhecidas, resultante de uma menor absorção de humidade. Outra investigação centrou-se na avaliação do impacto do teor de fibras, da compatibilização interfacial e do processo de fabrico nas propriedades mecânicas dos compósitos de polietileno de alta densidade (PEAD) reforçados com fibras de sisal. Os resultados indicaram que o aumento do teor de fibras e a compatibilização interfacial com o PEAD conduziram a um aumento das propriedades mecânicas dos compósitos. Além disso, um processo de pré-impregnação com o compatibilizador melhorou a ligação interfacial entre as fibras e a matriz, resultando em propriedades mecânicas superiores em comparação com a mistura simultânea [72].

Os investigadores realizaram um estudo para comparar as propriedades mecânicas de compósitos à base de poliéster reforçados com fibras curtas de abacá e fibras de vidro. O estudo investigou os efeitos do comprimento da fibra, do teor de fibra e do tratamento de superfície nas propriedades mecânicas dos compósitos. Os resultados demonstraram que o comprimento da fibra e o tratamento de superfície afectaram significativamente as propriedades mecânicas dos compósitos. As propriedades mecânicas dos compósitos de sisal / poliéster foram investigadas utilizando moldagem por transferência de resina. O estudo mostrou que os compósitos reforçados com fibras mercerizadas tiveram um aumento de 45% na resistência à tração e um aumento de 65% no módulo de Young, enquanto os compósitos reforçados com fibras tratadas com permanganato exibiram um aumento de 45% na resistência à flexão. No entanto, os compósitos reforçados com fibras tratadas apresentaram propriedades reduzidas em comparação com os não tratados, como revelado pelo estudo de absorção de água. Para estudar as propriedades interfaciais, foram utilizadas imagens SEM, e soluções alcalinas de NaH (15% e 20%) e hipoclorito de sódio NaClO/H3O (2:2) foram utilizadas para modificar as fibras de sisal branqueando-as a 70-85 °C [73].

O reforço de compósitos de matriz fenólica à base de líquido de casca de castanha de caju com fibras de sisal foi examinado, e o efeito do tratamento com NaOH na estabilidade térmica das fibras de sisal foi investigado. O estudo mostrou que as fibras de sisal tratadas com NaOH apresentaram uma melhoria na estabilidade térmica de aproximadamente 22°C e 38°C para as fibras tratadas com NaOH 15% e 20%, respetivamente, em comparação com as fibras em bruto. Além disso, o compósito reforçado com sisal tratado com NaOH 10% apresentou uma variação de 35°C em comparação com o compósito reforçado com fibras de sisal em bruto [74].

As fibras de juta foram utilizadas como agentes de reforço no fabrico de compósitos com resinas de poliéster e epóxi em percentagens de peso de 25:90. As propriedades mecânicas dos compósitos fabricados, incluindo a resistência à tração, a resistência à flexão, a resistência ao impacto e a dureza, foram examinadas e verificou-se que o compósito de poliéster reforçado com juta apresentava propriedades mecânicas superiores em comparação com o compósito de juta-epóxi. O estudo também explorou o efeito da penetração da resina nos lúmens das fibras nas propriedades mecânicas e de absorção de água dos compósitos. Os resultados mostraram que, à medida que a quantidade de resina no interior dos lúmens das fibras aumentava, as propriedades mecânicas dos compósitos melhoravam devido a alterações nos modos de fratura [75].

O impacto dos lúmens de fibra preenchidos com resina na resistência à absorção de água dos compósitos foi investigado e as morfologias das microfissuras foram analisadas utilizando SEM. A investigação indicou que os lúmens de fibra preenchidos com resina melhoraram a ligação entre as microfibrilas em fibras individuais de sisal. Em comparação com os compósitos de madeira, os compósitos de poliéster reforçados com tecido de juta apresentaram uma resistência superior. As propriedades mecânicas dos compósitos de poliéster reforçados com fibras curtas de bananeira foram estudadas para avaliar os efeitos do comprimento e do conteúdo das fibras. Os resultados mostraram que a resistência máxima à tração foi alcançada com 30 mm de comprimento de fibra e a resistência máxima ao impacto foi alcançada com 40 mm de comprimento de fibra. Além disso, a incorporação de 50% de fibras não tratadas resultou num aumento de 30% da resistência à tração e de 45% da resistência ao impacto [76].

Foi efectuado um estudo para avaliar o impacto do teor de fibra de algodão e da dispersão da fibra nas propriedades mecânicas dos compósitos de geopolímero, especificamente em termos de dureza, resistência ao impacto e resistência à compressão. O estudo revelou que o aumento da percentagem de peso da fibra de algodão para além de 1,5% resultou numa fraca dispersão das fibras na matriz, na aglomeração das fibras, no aumento da viscosidade e, por fim, na redução das propriedades mecânicas. Outra investigação centrou-se no comportamento tensão-deformação de tração de compósitos reforçados com fibras de óleo de palma tratadas com diferentes fracções de peso de fibra de vidro. O estudo observou que um aumento da fração de peso da fibra resultou numa melhoria da resistência à flexão, da resistência à tração e do módulo de tração, enquanto a densidade e a resistência ao impacto apresentaram tendências semelhantes [77].

No entanto, o alongamento e o módulo de flexão diminuíram para uma fração de 50 wt.% do peso da fibra. As alterações observadas na estrutura química e na capacidade de ligação da fibra após a modificação química foram atribuídas ao efeito no alongamento na rutura dos compósitos, e o mecanismo da superfície de fratura foi examinado utilizando SEM e micrografias ópticas [78].

Foi realizado um estudo de investigação para averiguar a relação entre a estrutura física das fibras naturais e as suas propriedades de tração utilizando a análise de imagens. O estudo avaliou as propriedades de tração das fibras de juta, sisal, curauá e coco, e os resultados mostraram que as fibras de sisal tinham o módulo de tração mais elevado, enquanto o curauá tinha o mais baixo. Isto indicava que o sisal tinha a menor variabilidade, enquanto o curauá tinha a maior. Noutra investigação, verificou-se que a adição de farinha de madeira tratada com silano ao polipropileno aumentou significativamente o módulo de tração e a resistência do compósito [79].

Observou-se também que o tratamento de superfície das fibras aumenta a resistência do compósito à degradação induzida pela humidade e as propriedades da interface. Observou-se também que as técnicas de processamento têm um impacto significativo nas propriedades mecânicas dos compósitos reforçados com fibras. Além disso, foram estudados os efeitos de várias modificações da superfície da juta no desempenho dos biocompósitos, e observou-se que o reforço com juta tratada com álcalis resultou numa melhoria de mais de 50% na resistência à tração. O teor de fibra de juta também influenciou o desempenho do bio-compósito, e foi determinado que aproximadamente 40% em peso de juta proporcionava as propriedades óptimas [80].

Um estudo investigou as propriedades mecânicas das fibras naturais e concluiu que o linho, o cânhamo, a juta e o sisal apresentam uma resistência e um módulo específicos comparáveis aos da fibra de vidro. O papel das interações fibra/matriz foi investigado experimentalmente em compósitos de poliéster reforçados com fibra de bananeira modificada quimicamente, utilizando análise mecânica dinâmica, que revelou melhores interações entre a fibra e a matriz. Foram efectuados ensaios de resposta ao impacto em compósitos reforçados com fibra de vidro utilizando resinas epóxi e polipropileno [81].

Os resultados mostraram que o tipo de resina utilizada afecta significativamente a resposta ao impacto dos compósitos. Adicionalmente, foi estudado o efeito da absorção de água nas propriedades mecânicas de compósitos de poliéster insaturado reforçados com juta pultrudida e híbridos de vidro/juta. Os compósitos apresentaram um desvio do comportamento Fickiano, com a adição de fibras de vidro a melhorar a resistência à humidade. Observou-se que as propriedades de tração e flexão (resistência e módulo) diminuíram significativamente com uma maior absorção de água, mas os compósitos híbridos exibiram uma melhor retenção das propriedades mecânicas [82].

Foi efectuado um estudo para investigar as propriedades mecânicas das fibras naturais, incluindo o linho, o cânhamo, a juta e o sisal, com especial incidência no seu potencial para competir com as fibras de vidro em termos de resistência e módulo específicos. O estudo concluiu que estas fibras naturais apresentavam uma resistência e um módulo apreciáveis, tornando-as uma alternativa viável às fibras de vidro. Outra investigação examinou compósitos de poliéster reforçado com fibra de banana quimicamente modificada e concluiu que a melhoria das interações fibra/matriz teve um impacto positivo nos resultados da análise mecânica dinâmica quando comparada com compósitos de fibra não tratada. Além disso, foi estudada a resposta ao impacto de compósitos reforçados com fibra de vidro utilizando epóxi e polipropileno, revelando que o tipo de resina utilizada desempenha um papel crítico na resposta ao impacto dos compósitos [83].

O impacto da absorção de H_2O nas propriedades mecânicas da juta pultrudida e dos compósitos de poliéster insaturado reforçados com híbridos de vidro/juta foi investigado num estudo. Os resultados revelaram que os compósitos se desviaram do comportamento Fickian, mas a adição de fibras de vidro teve um impacto positivo na resistência à humidade. No entanto, foi observada uma redução significativa das propriedades de tração e flexão (resistência e módulo), tendo os compósitos híbridos apresentado uma maior retenção das propriedades mecânicas. Em temperaturas mais elevadas (60 - 90°C), os compósitos híbridos demonstraram uma melhor retenção da resistência e do módulo do que os compósitos de juta, que sofreram degradação [84].

Num outro estudo, foi investigado o impacto do envelhecimento da água na região interfásica e na resistência à fratura inter-laminar em compósitos de polímero-vidro. Os resultados indicaram que o aumento da absorção de água levou a uma redução da resistência à fratura dos sistemas fenólicos/vidro. A análise SEM revelou descolagem interfacial e mecanismos de falha dominantes, indicando que a degradação da água tem um impacto significativo na resistência à fratura. Cada sistema apresentou diferentes tendências de degradação, que foram diretamente influenciadas pelo grau de degradação interfacial durante o envelhecimento em água. Verificou-se que a região da interface é o principal fator de propagação de fissuras em todos os sistemas e que existe uma forte correlação entre a resistência à fratura e a descolagem interfacial [85].

Por último, um estudo examinou o comportamento à fratura de compósitos de polímeros reforçados com fibra de vidro, com quatro sistemas compósitos diferentes fabricados para produzir interfaces fortes e fracas. Os resultados indicaram que uma interface forte proporcionava maior resistência transversal e cargas de iniciação de fissuras, enquanto a interface fraca apresentava maior tenacidade devido a uma melhor ligação entre fibras. Os compósitos com diferentes resinas matriciais demonstraram grandes variações no comportamento de ligação, mesmo que a sua resistência transversal fosse semelhante [86].

Os compósitos de vidro E/epóxi foram também estudados quanto aos seus efeitos combinados de carga, humidade e temperatura. Os resultados mostraram que a imersão de curta duração em água destilada levou a uma diminuição do módulo e a um aumento da resistência e da deformação até à rotura. A uma temperatura mais elevada de 75°C durante um período mais longo, a resistência diminuiu 32% e o módulo diminuiu 30%, enquanto a tensão até à rotura aumentou 4%. A redução da resistência não foi significativa devido à substituição das ligações químicas por ligações físicas, que mantiveram uma boa transferência de tensão na interface. A falha do ensaio de tração resultou na descolagem maciça das fibras, indicando que, a temperaturas mais elevadas, a humidade penetra na interface fibra/matriz [87].

O impacto do comportamento de fratura no desempenho de compósitos de epóxi reforçados com fibra de linho tecida foi investigado num estudo, que revelou que a adição de tecido melhorou a sua resistência à fratura. O estudo sugeriu ainda que a fração de volume da fibra é um fator crítico na determinação da resistência, mais do que a disposição microestrutural. Outro estudo examinou o comportamento à fratura de compósitos de poliéster reforçados com fibras curtas de bambu, com diferentes comprimentos de fibra e fracções de volume. Os resultados mostraram que, a 15 mm de comprimento de fibra, o aumento do teor de fibra teve um impacto negativo na resistência à fratura. No entanto, foram observados efeitos positivos para comprimentos de fibra de 8 e 20 mm, sendo o teor ótimo de fibra 50 vol.% para a fibra de 8 mm e 60 vol.% para a fibra de 20 mm. A maior resistência à fratura foi obtida com um compósito reforçado com fibras de 30 mm/60 vol. %, apresentando uma melhoria de 440% em comparação com o poliéster puro [88].

O impacto da absorção de água na resistência à fratura de compósitos híbridos de vidro tecido foi investigado neste estudo, revelando que o tempo de imersão aumentou as taxas de absorção de humidade. A diminuição da resistência à fratura em condições ambientais de humidade pode ser atribuída ao conteúdo da fibra, à área da superfície exposta, à orientação da fibra, à permeabilidade da fibra e ao conteúdo de vazios do componente. Além disso, o estudo desenvolveu compósitos de vidro-epóxi em tecido liso para investigar o seu comportamento à fratura, concluindo que a fibra de vidro de 700 g/m2 apresentava maior resistência à fratura do que a fibra de vidro de 660 g/m2 quando utilizada com a mesma matriz. Finalmente, foi examinado o efeito do tratamento de superfície e do reforço *do eixo z* na resistência à fratura inter-laminar de compósitos laminados de juta/epóxi. Os resultados mostraram que os tratamentos de superfície melhoraram a resistência à fratura através do aumento da adesão interfacial. A adição de reforço na direção z aumentou a resistência à fratura do Modo-I dos compósitos em 50% e aumentou a resistência ao corte interlaminar ILSS à custa da diminuição da resistência à tração e do módulo [89].

Foi efectuada uma série de estudos para investigar as propriedades mecânicas de materiais compósitos reforçados com fibras naturais. O tratamento alcalino foi aplicado a compósitos reforçados com tiras de bambu, resultando em caraterísticas físicas melhoradas, e a melhoria mais significativa foi conseguida com reforços tratados com 25-40% de cáustico. Foi observada anisotropia elástica e de expansão térmica nas fibras de juta, com coeficientes de expansão térmica negativos ao longo do seu comprimento e grandes coeficientes de expansão térmica positivos estimados nas direcções transversais. As propriedades mecânicas das fibras de sisal foram examinadas e verificou-se que os valores da resistência à tração, do módulo e da tenacidade diminuíam com o aumento da temperatura. O impacto do tratamento químico nas propriedades mecânicas de compósitos de polietileno de baixa densidade reforçados com fibras curtas de sisal também foi estudado, onde o tratamento com o derivado cardanol do diisocianato de tolueno reduziu a natureza hidrofílica da fibra de sisal e melhorou as propriedades de tração dos compósitos [90].

As caraterísticas de resistência ao fogo e inflamabilidade dos compósitos reforçados com fibras naturais foram analisadas em vários estudos. A inclusão de fibras lignocelulósicas nos polímeros afectou as propriedades mecânicas e de resistência ao fogo. As propriedades físicas e mecânicas das fibras de cânhamo foram também avaliadas, demonstrando a sua adequação como reforço em materiais compósitos. A absorção de humidade, o inchaço e as alterações de densidade em compósitos de base biológica reforçados com fibras de juta tecidas com epóxi foram estudados em função da sequência de empilhamento. O aumento da relação fibra de juta/epóxi resultou em taxas de difusão de humidade mais elevadas nos compósitos. Por último, foi investigado o comportamento de desgaste erosivo de compósitos híbridos de epóxi reforçados com tecido de juta e tecido de vidro, tendo sido observadas melhorias significativas na resistência ao desgaste erosivo dos compósitos híbridos [91].

Muruganantham *et.al.* analisaram o impacto dos endurecedores e aditivos nos compósitos de fibra de vidro, revelando que a utilização de endurecedores melhorou a dureza do material. Os compósitos híbridos, constituídos por múltiplas fibras numa única matriz, estão a ser explorados como uma alternativa rentável aos materiais convencionais, como as fibras de vidro, carbono e boro. Ahmed *et.al.*, Dixit *et.al.* e Jawaid et al. estudaram as propriedades mecânicas de compósitos de polímeros à base de fibras naturais e concluíram que a distribuição, a forma, o tamanho e a hibridação das fibras têm um impacto significativo nas propriedades de tração do material. A hibridação com fibras de vidro foi considerada uma forma eficaz de criar compósitos de elevado desempenho. A orientação das fibras também afecta as propriedades mecânicas dos compósitos híbridos. Navya Geethika *et.al.* descobriram que os compósitos com fibras orientadas a 100 exibiam maior resistência à tração do que os orientados a 800, provavelmente devido à capacidade das fibras de absorverem a carga máxima na direção vertical [92].

Vários estudos exploraram a utilização de compósitos híbridos baseados em fibras naturais, como a juta, o óleo de palma, a banana e o kenaf. Estes estudos mostraram que a hibridação pode melhorar significativamente as propriedades mecânicas dinâmicas e de tração dos compósitos devido a uma melhor ligação da interface fibra/matriz. As propriedades mecânicas dos compósitos de poliéster híbrido feitos de fibras de banana e kenaf foram influenciadas pelos padrões de tecelagem e pela orientação aleatória. Observou-se também que a sequência de camadas tem um impacto significativo nas propriedades de flexão e cisalhamento inter-laminar dos compósitos híbridos de poliéster reforçados com tecido de juta e tecido de vidro. Em comparação, os compósitos de juta apresentaram maior sensibilidade ao entalhe do que os compósitos híbridos de juta-vidro. Além disso, verificou-se que os compósitos de cimento com fibra de banana tinham propriedades melhoradas devido à adição de fibras [93].

Os investigadores realizaram vários estudos para examinar a forma como a hibridação de fibras naturais, tais como curauá, banana, sisal, rosela, coco e folha de ananás, com fibras de vidro afecta as propriedades mecânicas dos compósitos. Os estudos utilizaram moldagem por compressão a quente para produzir compósitos com diferentes fracções de volume total de fibras. Os resultados de alguns dos estudos mostraram que a resistência à tração e o módulo aumentavam à medida que as fibras de vidro eram incorporadas, particularmente para fracções de volume total de fibras mais elevadas. A análise SEM foi utilizada para avaliar os efeitos interfaciais da hibridação da fibra de vidro nas fibras naturais. Verificou-se que a adição de duas e três camadas de fibras de vidro melhorava a resistência à tração por um fator de 4,35 e 5,15, respetivamente. Além disso, descobriu-se que as propriedades de flexão foram melhoradas quando as fibras de banana-sisal foram combinadas com duas camadas de fibras de vidro em vez de três camadas [94].

Em vários estudos, verificou-se que, à medida que o teor e o comprimento das fibras naturais nos compósitos aumentavam, a resistência à tração e à flexão também aumentava. No entanto, quando as amostras eram expostas à humidade, observava-se uma diminuição da resistência, e a percentagem de redução da resistência aumentava com o teor e o comprimento das fibras em condições de humidade. Verificou-se que a hibridação e o tratamento das fibras naturais diminuem a tendência de absorção de água. Finalmente, os investigadores avaliaram o desempenho mecânico e elétrico de compósitos híbridos compostos por fibras de vidro e fibras naturais, e observou-se que as propriedades da hibridação melhoravam continuamente com a adição de fibras de vidro [95].

Vários estudos investigaram as propriedades mecânicas de compósitos híbridos compostos por fibras naturais, incluindo coco, sisal, banana, kenaf, palma de açúcar, linho e fibras de vidro. O impacto da absorção de humidade na resistência à tração e à flexão destes compósitos também foi estudado, tendo-se observado que a exposição à humidade resultou numa redução significativa da resistência. Verificou-se que o tratamento das fibras antes da produção dos compósitos, como o tratamento térmico ou o tratamento com Lauril Sulfato de Sódio (SLS), melhorava as propriedades mecânicas dos compósitos. A incorporação de diferentes tipos de fibras naturais em matrizes de poliéster insaturado ou em polímeros reforçados com fibra de vidro (GFRP) melhorou as propriedades mecânicas dos compósitos. Os resultados do estudo também sugerem que a interação entre diferentes tipos de fibras e diferentes interfaces de fases melhorou a resistência à tração e a tensão de rutura dos compósitos [96].

Foram efectuados numerosos estudos para investigar as propriedades dos compósitos de fibras naturais derivados de materiais como o linho, o bambu, a fibra de coco, a juta e o epóxi reforçado com fibra de vidro. Entre as três fibras naturais, verificou-se que o bambu tem as melhores propriedades de compressão, enquanto a adição de fibra de juta e fibra de vidro ao epóxi melhorou as propriedades mecânicas dos compósitos, mas diminuiu o seu comportamento de absorção de água. Devido às suas excelentes propriedades mecânicas e à sua natureza leve, os compósitos de fibras naturais são cada vez mais utilizados em aplicações de tecnologia avançada, tais como estruturas automóveis e de construção, resultando em poupanças de custos e num maior interesse ambiental. Por exemplo, as fibras naturais são utilizadas para reforçar os painéis de plástico da carroçaria em aplicações automóveis, o que conduz a painéis mais leves e a um menor consumo de combustível. Além disso, a utilização de fibras vegetais em aplicações industriais está a ser impulsionada por reduções de custos e preocupações ambientais, uma vez que os regulamentos exigem a reciclagem de componentes de veículos. Num estudo específico, as cascas de banana reforçadas com resina de fenol-formaldeído foram utilizadas para produzir pastilhas de travão ecológicas sem amianto e com propriedades melhoradas [97].

Manoj Singlal & Vikas Chawla realizaram um estudo sobre a utilização de compósitos reforçados com fibra de vidro como materiais estruturais para navios de guerra, que estão sujeitos a condições de carga severas de ondas de choque subaquáticas. O seu estudo centrou-se no comportamento de fratura dos compósitos, utilizando SEM para analisar diferentes fracções de peso de fibras de vidro (E-400 em forma de tapete) combinadas com resina epóxi. Entretanto, Peijs salientou que o termo "reciclável" para os compósitos de fibras vegetais pode ser ambíguo, uma vez que a matriz polimérica sintética e os aditivos químicos não podem ser totalmente reciclados, embora as fibras vegetais sejam totalmente biodegradáveis e possam ser recicladas através da combustão [98].

Swifts *et.al.* realizaram uma investigação abrangente de compósitos de sisal-cimento, que têm aplicações potenciais na construção de habitações rurais em África. As propriedades mecânicas dos compósitos, como a flexão e a absorção de energia, são adequadas para utilização em várias estruturas, como telhas, paredes de revestimento, silos de armazenamento de cereais, condutas de água e telhas, para criar estruturas de adobe resistentes a terramotos para casas. Na Europa, a indústria de compósitos de polímeros de fibras naturais comercializa os seus produtos não só no sector automóvel, mas também noutros sectores, como decks, paredes, perfis de janelas e portas, pavimentos, persianas, mobiliário de interior e exterior. Apesar do seu potencial, a utilização generalizada de compósitos de fibras naturais na indústria é limitada por factores como a baixa resistência e rigidez, a absorção de água e a instabilidade térmica [99].

As investigações anteriores sobre compósitos de fibras naturais centraram-se principalmente nos métodos de colocação manual e de moldagem por compressão, na influência da sequência de empilhamento e na hibridação com fibras de vidro, e na utilização de fibras longas unidireccionais ou de formas de fibras curtas orientadas aleatoriamente. As fibras naturais são adequadas para aplicações de engenharia de baixo custo e podem rivalizar com as fibras sintéticas. No entanto, a hibridização de fibras naturais com outra fibra natural não produz propriedades mecânicas superiores quando comparada com a hibridização com fibra de vidro. Um laminado híbrido com duas camadas de vidro extremo em cada lado é a combinação ideal com um equilíbrio satisfatório entre propriedades e custo. O objetivo deste estudo é criar laminados compósitos híbridos utilizando fibra de vidro de sisal reforçada com resina epóxi/poliéster e avaliar os seus atributos físicos e mecânicos com base nos testes padrão ASTM [100].

Mehmet Sarikanat & colegas utilizaram o método de Arquimedes (ASTM D3801-9) para determinar a densidade da Althaea Officinalis como 1,18 g/cm³ . Fiore e colegas utilizaram o picnómetro de hélio para calcular a densidade real e o método de Arquimedes com um solvente de benzeno com uma densidade de 0,995 g/cm³ para determinar a densidade aparente da fibra de Arundo Donax tipo L. Eles relataram a densidade real da fibra como 1,168 ± 0,004 g/cm³ e sua densidade aparente como 0,894 g/cm³. Indran e colegas estimaram a densidade das fibras extraídas da raiz de Cissus quadrangularis (CQ) como sendo 1,66 gms por cm³ usando o teste de imersão líquida com tolueno [101].

Manimaran e os seus colegas utilizaram um microscópio ótico para determinar que o diâmetro médio das fibras de Furcraea Foetida (FF) é de 12,9 µm. Apesar do facto de o cálculo do diâmetro das fibras vegetais poder ser difícil devido ao seu perfil variável, foi assumida uma forma redonda no cálculo das propriedades de tração. Num estudo separado, Balaji e colegas utilizaram um micrómetro de cunha de ar com uma contagem mínima de 0,005 mm para medir o diâmetro das fibras de aloé vera do Sara. Foram medidas vinte fibras em três locais diferentes e os valores médios foram utilizados para a análise da distribuição de Weibull. O diâmetro da fibra foi determinado como sendo 96,55 µm [102].

Manimaran e a sua equipa utilizaram o software Image J para medir os diâmetros das fibras da casca de Azadirachta indica, a fim de prever o diâmetro das fibras das imagens do microscópio eletrónico de varrimento. Os valores médios dos diâmetros de cinco fibras foram medidos em quatro locais diferentes. Noutras investigações, a utilização da fibra de bananeira como reforço em compósitos de matriz polimérica foi estudada por vários investigadores. Singh e colegas investigaram as propriedades mecânicas de compósitos de epóxi reforçados com fibra de bananeira e descobriram que as resistências à tração, à flexão e ao impacto dos compósitos aumentavam à medida que o teor de fibra aumentava [103].

As propriedades mecânicas e térmicas dos compósitos de polímeros reforçados com fibras de bananeira foram investigadas por vários investigadores. Pandian *et.al.* examinaram o impacto da carga de fibra nas resistências à tração, à flexão e ao impacto de compósitos de poliéster reforçados com fibra de bananeira. Os resultados indicaram que um aumento da carga de fibra melhorava as resistências à tração e à flexão, mas diminuía a resistência ao impacto. Num estudo separado, Rao *et.al.* exploraram as propriedades térmicas dos compósitos de epóxi reforçados com fibra de bananeira e descobriram que a estabilidade térmica e a temperatura de decomposição dos compósitos melhoravam com o aumento do teor de fibra. Além disso, Kumar *et.al.* avaliaram as propriedades mecânicas e térmicas de compósitos de polipropileno reforçados com fibra de bananeira e descobriram que os compósitos tinham propriedades mecânicas e estabilidade térmica superiores quando comparados com a matriz de polímero puro. Estes resultados sugerem que a fibra de bananeira pode potencialmente servir como um material de reforço eficaz para compósitos de matriz polimérica, com aplicações potenciais em várias indústrias, como a automóvel e a aeroespacial [104].

Akhtar e os seus colegas efectuaram um estudo para examinar as propriedades mecânicas de compósitos epoxídicos reforçados com fibras de bananeira. Os resultados mostraram que, à medida que o teor de fibras aumentava, as resistências à tração e à flexão aumentavam, enquanto a resistência ao impacto diminuía. Além disso, o estudo indicou que as propriedades de tração e flexão dos compósitos eram superiores às da resina epóxi pura. Ojha *et.al.* estudaram as propriedades térmicas e mecânicas de compósitos de poliéster reforçados com fibra de bananeira. Os resultados indicaram que a incorporação de fibras de bananeira melhorou a estabilidade térmica e a resistência mecânica dos compósitos [105].

Além disso, o módulo de Young dos compósitos aumentou com o aumento do teor de fibras, enquanto o coeficiente de expansão térmica diminuiu. Satyanarayana *et.al.* investigaram o impacto do tratamento da superfície da fibra nas propriedades mecânicas de compósitos epoxídicos reforçados com fibra de bananeira. Os seus resultados mostraram que o tratamento da superfície da fibra melhorou a adesão interfacial entre a fibra e a matriz, levando a um aumento das propriedades mecânicas dos compósitos. Além disso, o estudo indicou que a fibra tratada com 4-aminopropiltrietoxisilano obteve a máxima resistência à tração. Em geral, estes estudos sugerem que a fibra de bananeira pode servir como um material de reforço promissor para compósitos de matriz polimérica, com aplicações potenciais em várias indústrias, como a automóvel e a aeroespacial [106].

Na sua investigação, Karthick *et.al.* exploraram as propriedades mecânicas e térmicas de compósitos epoxídicos reforçados com fibra de bananeira, variando os comprimentos das fibras. Os resultados indicaram que as propriedades de tração e flexão dos compósitos aumentaram com os comprimentos de fibra mais longos, enquanto a resistência ao impacto diminuiu. Além disso, o estudo indicou que a estabilidade térmica dos compósitos aumentou com os comprimentos de fibra mais longos. Num estudo separado, Karim et.al. examinaram as propriedades mecânicas e térmicas de compósitos de polipropileno reforçados com fibra de bananeira. Os resultados mostraram que a incorporação de fibras de bananeira aumentou as propriedades mecânicas dos compósitos, com a resistência máxima à tração alcançada com 50 wt.% de carga de fibra. O estudo também indicou que a estabilidade térmica dos compósitos melhorou com o aumento da carga de fibra [107].

À semelhança dos trabalhos apresentados por um grande número de investigadores, professores, autores, engenheiros, cientistas, estudantes, etc... nos parágrafos anteriores, existe ainda um grande número de trabalhos realizados por muitos investigadores em todo o mundo até à data no domínio do compósito. Mas, aqui, considerámos apenas os mais importantes [1] - [175] que estão a ser referidos e citados por nós neste relatório de tese.

2.2 Desvantagens dos métodos anteriores desenvolvidos por investigadores anteriores

Na maior parte dos trabalhos efectuados pelos vários autores apresentados nos parágrafos anteriores [1] - [200], verificaram-se alguns inconvenientes, tais como a consideração de apenas

- utilização de métodos convencionais,
- tempo de compilação elevado,
- computacionalmente muito dispendioso,
- os resultados experimentais não eram exactos,
- o ruído estava a distorcer as saídas,
- a automatização completa dos algoritmos não está concluída,
- menos trabalho efectuado para aumentar a precisão e o desempenho,
- implementação em tempo real (h/w), muito poucas pessoas fizeram, etc.,

Alguns dos inconvenientes acima referidos, existentes nos trabalhos efectuados pelos investigadores anteriores, foram tidos em conta no nosso trabalho de investigação e foram desenvolvidas novas experiências para ultrapassar algumas das deficiências dos algoritmos e resultados existentes e também foi feito um esforço sincero para desenvolver alguns algoritmos altamente eficientes para o mesmo. O trabalho de investigação foi verificado através de uma simulação eficaz e de resultados experimentais efectuados no compósito, comprovando assim o problema de investigação empreendido. Uma vez definido o problema, após uma revisão exaustiva do trabalho efectuado por vários autores, o problema foi definido e, assim, os parâmetros como a tensão, a deformação, a flexão, a capacidade de absorção, etc... puderam ser analisados durante a conceção do sistema e torná-lo mais eficiente. Este conceito pode ser tratado como o resultado do nosso trabalho de investigação apresentado nos capítulos 3 a 6, respetivamente.

2.3 Conclusões

Nesta secção, são apresentadas as conclusões gerais da pesquisa bibliográfica. Os trabalhos realizados por vários autores no domínio da ciência dos materiais até à data, juntamente com as vantagens e desvantagens dos seus trabalhos propostos, são apresentados e citados sempre que necessário. Algumas das desvantagens dos trabalhos efectuados por vários autores são convertidas nas declarações de problemas do nosso trabalho proposto, que são consideradas como trabalhos contributivos nos próximos capítulos.

3 Conceção e desenvolvimento de compósitos de polietileno de baixa densidade reforçados com fibras do tipo coco, utilizando propriedades materiais melhoradas

O principal objetivo desta investigação é desenvolver e avaliar as propriedades mecânicas de um material compósito constituído por fibras de coco reforçadas com polietileno (RF) de menor densidade, com especial ênfase nos efeitos da carga das fibras nas propriedades de tração, flexão e impacto, bem como noutras propriedades como a absorção de H2O. As amostras dos compósitos são criadas com percentagens de peso variáveis de fibras de coco, com percentagens de 0%, 25%, 50% e 100%, a fim de abordar a questão do maior desperdício de material L-DPE, que foi frequentemente descoberto no tipo de embalagens de H2O descartadas que poluem o ambiente. As fibras de coco foram extraídas e limpas usando o processo de retração de água, e o compósito LDPE-coir foi criado através de técnicas de moldagem por compressão [108].

Este capítulo apresenta a conceção e o desenvolvimento de compósitos de polietileno de baixa densidade reforçados com fibras de coco, utilizando propriedades materiais melhoradas. Além disso, os materiais compósitos e as metodologias desenvolvidas são aqui apresentados juntamente com a extração da fibra e o seu processo de limpeza e a preparação da amostra para fins experimentais. Além disso, apresentamos o modelo matemático do sistema proposto com o fabrico completo do material e o fluxograma / diagrama de fluxo de dados para o processo de conceção. Os procedimentos adoptados para efeitos de ensaio, tais como ensaios de tração, ensaios de flexão, processo de ensaio baseado no impacto, ensaio de modelação da absorção de H2O e análise SEM. As experiências são realizadas, os resultados são observados e as justificações são feitas. Caracterização mecânica do material compósito desenvolvido com a influência da RF na resistência à tração do material compósito desenvolvido, juntamente com o impacto do reforço de fibras nas caraterísticas de flexão dos compósitos e as resistências ao impacto dos compósitos afectadas pelo reforço de fibras. Além disso, estudamos a distribuição das resistências médias locais nos compósitos de PEBD à base de fibra de coco desenvolvidos e a análise das microestruturas no material compósito desenvolvido com as propriedades caraterísticas de absorção de água do material compósito. O primeiro objetivo da investigação foi a otimização dos parâmetros de processamento para o fabrico dos compósitos. Os investigadores descobriram que uma combinação de misturas fundidas e os tipos de técnicas de prensagem a quente produziam compósitos com as propriedades desejadas. Os parâmetros de processamento óptimos incluíam uma temperatura de 200 °C, um nível de pressão de 25 Mega Pascal e um período de tempo de retenção de 5 minutos. Finalmente, as discussões sobre os resultados experimentais são feitas e as justificações são efectuadas e, no final, são feitas as observações conclusivas [109].

3.1 Síntese da contribuição-1

As propriedades de flexão e de tração do compósito foram avaliadas com um tensiómetro Hounsfiald Monsento, enquanto que as propriedades de impacto serão testadas com um equipamento de teste de impacto Charpy. O SEM foi utilizado para examinar a microestrutura dos compósitos, que revelou uma mistura heterogénea de fibra de coco e matriz de LDPE com ligações muito fracas nas regiões inter-faciais. O resultado da simulação mostra que a capacidade de absorção de água do material compósito diminuiu com uma carga de fibra mais baixa, mas aumentou significativamente com uma carga de fibra mais elevada. Finalmente, esta investigação fornece uma visão sobre as propriedades mecânicas de compósitos de PEBD baseados em fibras de coco e o seu potencial para reduzir os resíduos e a poluição no ambiente [30].

O objetivo desta investigação é desenvolver e avaliar as propriedades mecânicas de um material compósito feito de polietileno de baixa densidade reforçado com fibras de coco. Os compósitos foram fabricados por moldagem por compressão, e suas resistências à tração, flexão e impacto foram avaliadas. Os resultados mostram que os compósitos com cargas de fibra que variam de 20 a 80% em peso oferecem a melhor combinação de resistência à tração e ao impacto. No entanto, o compósito com uma carga de fibra de 50 wt% apresentou propriedades fracas, provavelmente devido ao elevado teor de fibra. A microestrutura do compósito foi examinada e a sua taxa de absorção de humidade foi determinada. Este material compósito é adequado para aplicações não estruturais e leves, tais como tectos falsos, caixilhos de janelas e portas, telhas e divisórias [30].

3.2 Introdução

Os materiais compósitos são constituídos por dois ou mais componentes distintos separados por uma interface, oferecendo múltiplas funções. Estes materiais são formados pela incorporação de uma fase descontínua numa fase contínua. Para reforçar os materiais compósitos, têm sido utilizadas fibras naturais. Neste projeto em particular, a fibra de coco foi escolhida como reforço devido à sua abundância e à riqueza do mesocarpo fibroso. A principal função das fibras num material compósito é fornecer suporte e resistência à fraca matriz polimérica. Para obter as propriedades desejadas do material, as fibras devem possuir caraterísticas como alto módulo de elasticidade, boa rigidez e resistência à compressão, entre outras [110].

O objetivo deste estudo é desenvolver uma abordagem acessível para a produção de materiais compósitos com propriedades e caraterísticas desejáveis, motivada pela necessidade de abordar as preocupações ambientais associadas à eliminação do polietileno de baixa densidade (LDPE) e dos resíduos agrícolas (fibra de coco). A utilização de fibras naturais de resíduos agrícolas está alinhada com os princípios de reutilização e reaproveitamento de resíduos. Os elevados custos de produção são uma das principais desvantagens associadas aos materiais compósitos, tornando-os impraticáveis para efeitos de resolução de problemas. Por conseguinte, é essencial criar um método rentável para a obtenção de materiais compósitos que também reduza os resíduos no ambiente, tendo em conta tanto a reciclagem de materiais como as perspectivas de proteção ambiental [111].

A fibra de coco ganhou recentemente atenção como material de reforço para materiais compósitos devido ao seu baixo custo, fácil disponibilidade, biodegradabilidade e natureza reciclável. Embora as fibras de coco e de outros frutos tenham sido utilizadas na produção de compósitos FRP de baixo preço para peças de automóveis, investigações recentes exploraram o potencial das fibras naturais para aumentar as propriedades de rigidez e resistência dos compósitos de bio-polietileno. Num estudo, um reforço híbrido de fibras de coco, fibras de basalto e farinha de madeira foi introduzido em compósitos de biopolietileno, resultando em propriedades mecânicas melhoradas. Noutro estudo, a resistência ao impacto de compósitos poliméricos foi melhorada através da introdução de reforço de fibra de coco, levando os autores a sugerir que a fibra de coco poderia ser confortavelmente utilizada como reforço num compósito de matriz polimérica para capacetes militares [112].

3.3 Materiais compósitos e metodologias desenvolvidas

Nesta secção, os vários tipos de materiais compósitos e as metodologias incorporadas e desenvolvidas são apresentados de forma resumida [113].

3.3.1 Materiais

No trabalho considerado, é utilizado um material termoplástico de menor densidade, o polietileno LDPE, como material de matriz (Fig. 3.1). O LDPE tem uma densidade entre 0,900,95 g/cm3 e apresenta estabilidade a temperaturas que variam entre -60º C e 90º C. A temperatura de fusão do LDPE é de cerca de 140°C [6]. O LDPE não só se mistura com a fibra, mas também encapsula a fibra para conseguir a formação dos materiais compósitos. A fibra de coco é o material de reforço utilizado neste estudo, obtido a partir do mesocarpo do coco. É composto por fios finos com diâmetros entre 0,15 mm e 0,65 mm, que são determinados com o auxílio de um vernier wright & moore micro-meter. A sua densidade é de 1,25 g/cm^3 e tem uma resistência à tração de 180 MPas. Para além disso, a sua absorção de H_2O varia entre 140% e 190% [7].

O molde metálico utilizado neste trabalho foi construído com aços macios, que têm uma resistência à tração de 450 MPas, condutividades térmicas de 50 W/mKelvin e pontos de fusão que variam entre 1300º C e 1500º C. O aço macio foi escolhido devido à sua capacidade de dissipar rapidamente o calor em resultado da sua elevada condutividade térmica, permitindo assim que o material compósito arrefeça rapidamente sem se deformar. O molde foi fabricado a partir de uma chapa de aço macio com 3 milímetros de espessura, que tem a forma de placas quadradas com dimensões de (200 × 200) mm, e foi criada uma cavidade perfurada de (175 × 175) mm [114].

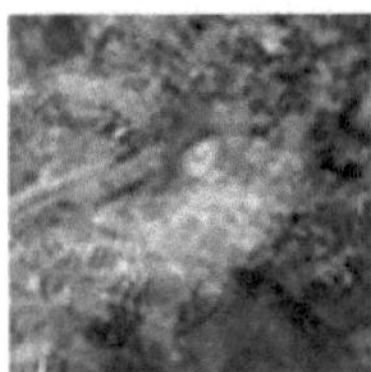
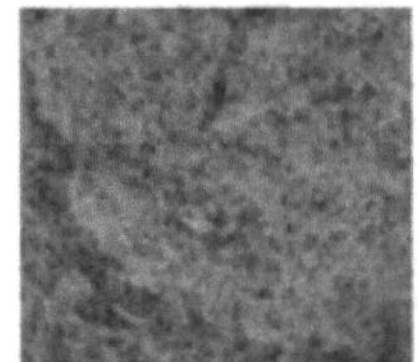

Fig. 3.1 : Geral Os materiais - matriz LDPE, fibras de coco em espiral, molde metálico

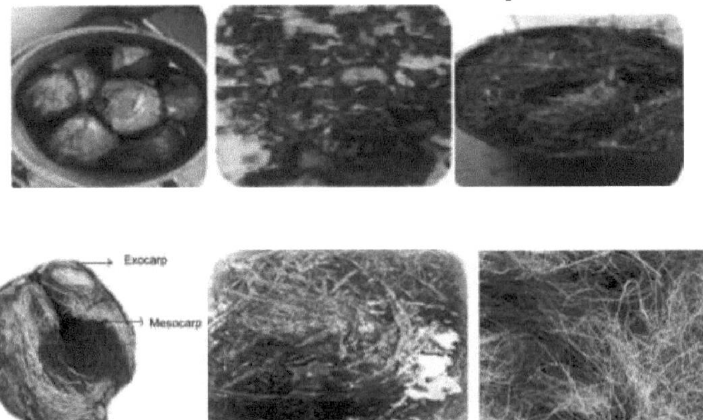

36

3.3.2 Extração da fibra e respetivo processo de limpeza

O processo de obtenção da fibra de coco consiste em extraí-la das cascas de coco através de um processo de classificação em água. Este processo incluía a imersão das cascas em água durante 24 horas para soltar as ligações entre os mesocarpos e os exocarpos. O processo envolveu a imersão da fibra de coco obtida durante quatro dias para a amolecer ainda mais, seguida de um ligeiro batimento das cascas para remover quaisquer substâncias com caroço e limpar as fibras. Para remover a cera, as fibras foram fervidas e mergulhadas em detergente quente durante 2 horas. Depois de enxaguadas, as fibras foram secas ao sol durante cerca de 10 horas e armazenadas em sacos de polietileno, como mostra a Fig. 3.1 [115].

3.3.3 Preparação da amostra para efeitos de experimentação

Os materiais compósitos foram criados utilizando uma mistura de fibras de coco e PEBD com uma percentagem de peso. A percentagem de peso da fibra de coco foi dividida em cinco categorias, 0%, 20%, 40%, 60% e 80%, enquanto a percentagem de peso do LDPE foi dividida em 100%, 45%, 40%, 35% e 30%. Durante a medição das amostras, foram consideradas propriedades físicas como a densidade, o volume, a massa e a fração de volume da fibra, tanto da matriz como da fibra. A Fig. 3.2 apresenta o processo geral de limpeza e extração das fibras de coco - cocos embebidos, separação das fibras do mesocarpo dos exocarpos, fibras de coco embebidas, fibras de coco secas ao sol [116].

3.4 Modelo matemático do sistema proposto

Nesta secção, é apresentado o modelo matemático utilizado para a experimentação. O desenvolvimento dos materiais de polietileno de baixa densidade RF à base de fibra de coco pode ser descrito pelo seguinte modelo matemático, apresentado na equação abaixo [117]

$$V_f = \left(\frac{V_c + W_c}{W_{c+w_f}} \right)$$

Aqui, v_f é a fração de volume da fibra composta, v_c é o volume de baixa densidade do polietileno (LDPE), w_c será o peso do LDPE e w_f é o peso da fibra de coco. As propriedades materiais do material compósito são determinadas a partir da equação [118]
Resistência à tração :

$$\sigma t = \left(\frac{P_{max}}{b} \right) * \left(\frac{d}{t} \right)$$

em que σt é a resistência à tração, P_{max} é a carga máxima, b é a largura da amostra, d é a espessura da amostra e t é a separação da aderência [119].
Módulo de tração :

$$E t = \left\{ (P/A) \Big/ \left(\delta l / l \right) \right\}$$

onde $E t$ é o módulo de tração, P será a carga, c/s A da amostra, δl é a alteração no comprimento, e l é o comprimento original [120].
Resistência à flexão:

$$\sigma t = \left(\frac{3 \times P_{max} \times L}{2 \times b \times t^2}\right)$$

Aqui, σ é a resistência da flexão, P_{max} é a carga máxima, L o comprimento do vão, b a largura da amostra, e t a espessura da amostra [121].

$$E f = \frac{(P \times L^4)}{(5 \times b \times t^4 \times \delta f)}$$

Módulo de flexão:

Aqui, $E f$ é o módulo de flexão, P será a carga, L será o comprimento do vão, b será a largura da amostra, t é a espessura da amostra e δf é a deflexão [122].

Resistência ao impacto:

$$I = \frac{P}{h}$$

onde I é a força de impacto, P será a carga, e h a altura da amostra [123].

Absorção de água: onde W_a é a absorção de água, W_w é o peso da amostra após a imersão da amostra em água, e W_d será o peso da amostra seca [124].

$$W_a = \left(\frac{W_w - W_d}{W_d}\right) \times 100$$

Estas equações podem ser usadas para avaliar as propriedades materiais do compósito feito de fibra de coco e polietileno de baixa densidade. A balança digital foi utilizada para medir o peso das amostras, e as fórmulas dos laminados foram utilizadas para calcular a fração de peso da fibra equivalente. A fórmula abaixo pode ser utilizada para calcular a fração de volume da fibra (FVF) com base na fração de peso da fibra (FWF) [125]

$$FVF = FWF \times \left(\frac{\rho_m}{\rho_f}\right)$$

onde FWF - a fração de peso da fibra, ρ_m - a densidade do material da matriz & ρf a densidade do material da fibra. Por exemplo, vamos supor que temos um material compósito com uma Fração de Peso de Fibra de 40% e que a densidade do material da matriz é de 1,94 gms por cm^3, da mesma forma, a densidade do material de fibra é de 1,25 gms por cm^3. Então, podemos calcular a fração volumétrica das fibras da seguinte forma [126]

$$FVF = 0.4 \times 0.94 / 1.25 = 0.3016 \text{ or } 30.16\%$$

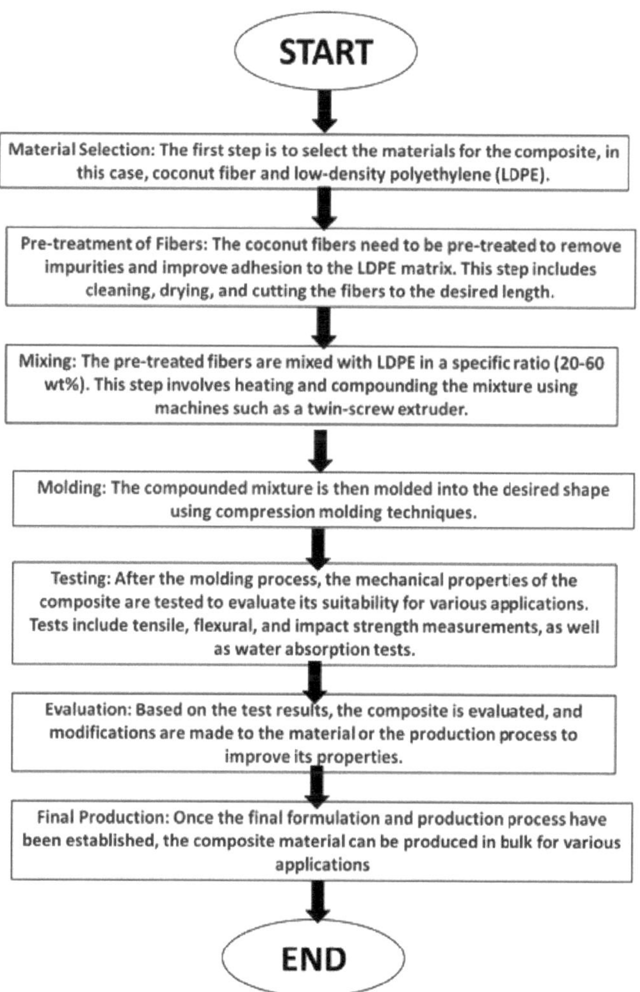

Fig. 3.3 : Fluxograma / DFD para o processo de conceção do material compósito

Por conseguinte, a fração volumétrica dos materiais compósitos de fibra é de 30,16%. A equação para calcular a fração de peso da fibra (FWF) a partir da fração de volume da fibra (FVF) é obtida da seguinte forma [127].

FWF = FVF x densidade da fibra / (FVF x densidade da fibra + (1 - FVF) x densidade da matriz) em que

FWF: Fração do peso da fibra

FVF: Volume Fraccionado da Fibra

densidade da fibra: Densidade do material da fibra

densidade da matriz: Densidade do material da matriz

As duas equações acima indicam que, para valores de FVF de 20%, 40%, 60% e 80%, as massas de fibra necessárias correspondentes são 8,8 gms, 18,8 gms, 28,8 gms e 38,8 gms, respetivamente [128].

3.5 Fabrico completo de materiais

O fabrico do material compósito envolveu a técnica de moldagem por compressão. O processo começou com a trituração do polietileno, obtido a partir de saquetas de água pura, que foi depois misturado com a mistura de coco e PEBD na proporção desejada, utilizando uma máquina de reciclagem de plásticos. A mistura foi aquecida a 100°C, o que gerou calor a partir das bandas de aquecimento e provocou fricção e pressão na zona de transição do parafuso para transformar os materiais num estado fundido bem misturado. A mistura foi recolhida da extremidade de saída da máquina e introduzida num molde posicionado na base de uma máquina de prensagem hidráulica. O punho da máquina foi gradualmente baixado para comprimir o compósito Coir-LDPE sob uma pressão de 30 toneladas (150 kN) durante cerca de 10 minutos. Após a cura do compósito, o molde foi aberto e os compósitos foram eliminados [129].

3.6 Fluxograma / Diagrama de Fluxo de Dados para o Processo de Conceção

Nesta secção, o fluxograma ou o DFD desenvolvido para a conceção do processo é apresentado como mostra a Fig. 3.3 [130].

3.7 Procedimentos adoptados para efeitos de ensaio

Nesta secção, são apresentados os vários tipos de procedimentos adoptados para efeitos de ensaio do compósito fabricado [131].

3.7.1 Primeiro - Ensaio de tração

Os ensaios de tração são métodos comuns utilizados para determinar as propriedades mecânicas de materiais, incluindo materiais compósitos. Num ensaio de tração, uma amostra é submetida a uma força de tração uniaxial F até se fraturar ou atingir um ponto final predeterminado. A máquina utilizada para o ensaio de tração de materiais compósitos é designada por UTM [132].

Um UTM é composto por duas partes principais, a saber, um quadro de carga e um sistema de controlo. A estrutura de carga é uma máquina pesada que pode aplicar uma carga de tração ou compressão à amostra. Normalmente, tem duas mandíbulas ou garras, uma fixa e outra móvel, que mantêm a amostra no lugar durante o ensaio. O sistema de controlo é responsável pela medição da força e do deslocamento durante o ensaio [133].

Para realizar um ensaio de tração num material compósito, a amostra é primeiro preparada de acordo com as normas ASTM para o material específico que está a ser testado. A amostra é então colocada nas garras do UTM e a carga é aplicada. À medida que a amostra é esticada, o UTM mede a força aplicada e a quantidade de deformação ou tensão sofrida pela amostra [134].

O UTM pode ser programado para controlar a taxa de carga e para efetuar diferentes tipos de ensaios, tais como ensaios de relaxamento de tensões ou de fadiga. Os dados recolhidos durante o ensaio podem ser utilizados para calcular as propriedades mecânicas, nomeadamente a resistência à tração, o módulo jovem e a deformação na rotura. A utilização de um extensómetro ou extensómetro pode ajudar a medir com precisão o alongamento ou a deformação de um material durante um ensaio de tração. Esta informação pode ser utilizada para o cálculo do módulo de tensão do material, que é uma medida da sua rigidez [135].

A mistura foi recolhida da extremidade de saída da máquina e introduzida num molde posicionado na base de uma máquina de prensagem hidráulica. O punho da máquina foi gradualmente baixado para comprimir o compósito Coir-LDPE sob uma pressão de 30 toneladas (150 kN) durante cerca de 10 minutos.

Fig. 3.4: Máquina utilizada para o ensaio de tração - Elastómero / UTM

Além disso, como já foi referido, a orientação das fibras no material compósito pode ter um impacto predominante nas suas propriedades mecânicas. Por conseguinte, pode ser necessário efetuar ensaios em várias orientações para caraterizar completamente o comportamento do material. Por exemplo, os ensaios em dois tipos de direcções, transversal e longitudinal, podem ajudar a determinar a forma como o material responde a diferentes tipos de carga. Esta informação pode ser importante para a conceção e otimização de estruturas compósitas para aplicações específicas. A

A Fig. 3.4 pode ser utilizada para a máquina utilizada para ensaios de tração - Elastómero / UTM [136].

O fabrico do material compósito envolveu a técnica de moldagem por compressão. O processo começou com a trituração do polietileno, obtido a partir de saquetas de água pura, que foi depois misturado com a mistura de coco e PEBD na proporção desejada, utilizando uma máquina de reciclagem de plásticos. A mistura foi aquecida a 200°C, o que gerou calor a partir das bandas de aquecimento e provocou fricção e pressão na zona de transição do parafuso para transformar os materiais num estado fundido bem misturado. A mistura foi recolhida da extremidade de saída da máquina e introduzida num molde posicionado na base de uma máquina de prensagem hidráulica. O punho da máquina foi gradualmente baixado para comprimir o compósito Coir-LDPE sob uma pressão de 20 toneladas (150 kN) durante 10 minutos. Depois de o compósito estar curado, o molde foi aberto e o compósito foi ejectado. A amostra de ensaio de tração padrão é mostrada na Fig. 3.5 [137].

Resistência à tração final = F / A

Deformação = Variação do comprimento ΔL / Comprimento original L

Percentagem de alongamento = (ΔL / L) × 100 %

Módulo de Elasticidade = Tensão / Deformação ... Módulo de Young

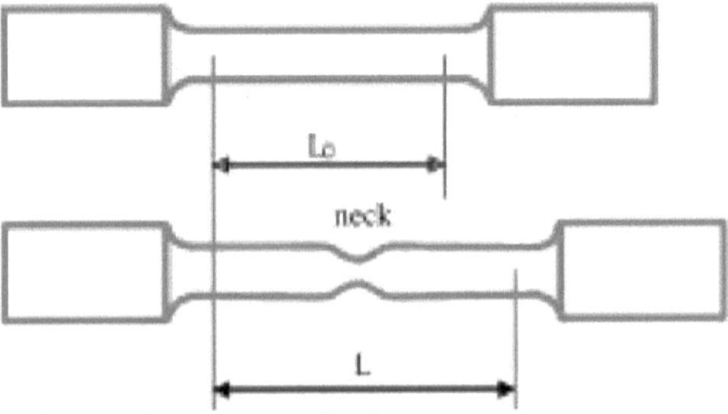

Fig. 3.5: Provete de ensaio de tração normalizado

3.7.2 Segundo - Ensaio de flexão

O ensaio de flexão, familiarmente designado por ensaio de flexão, é uma metodologia comum que está a ser utilizada para a determinação das propriedades mecânicas dos materiais utilizados para determinar as propriedades mecânicas dos materiais, incluindo os materiais compósitos. A máquina utilizada para o ensaio de flexão de materiais compósitos é designada por máquina de ensaio de flexão ou máquina de flexão de três pontos. A Fig. 3.6 apresenta a máquina de ensaio de flexão utilizada para testar o material compósito desenvolvido [138].

Fig. 3.6 : Máquina de ensaios de flexão utilizada para testar o material compósito
desenvolvido

Uma máquina de ensaio de flexão é normalmente constituída por um quadro de carga, um suporte ou vão de apoio e um sistema de controlo. O quadro de carga aplica uma carga à amostra, enquanto o suporte ou vão de apoio suporta a amostra durante o ensaio. O sistema de controlo mede a força e a deflexão da amostra durante o ensaio [139].

Para realizar um ensaio de flexão num material compósito, a amostra é primeiro preparada de acordo com as normas ASTM para o material específico que está a ser testado. A amostra é então colocada no vão de suporte, que é normalmente constituído por duas barras paralelas separadas por uma distância especificada. As cargas são colocadas no centro da amostra, processando o Punch [140].

À medida que a carga é aplicada, a amostra dobra-se e o sistema de controlo mede a força e a deflexão. A quantidade de deflexão é usada para calcular o módulo de flexão da amostra, que é uma medida em relação ao parâmetro de rigidez. A tensão máxima na rotura também pode ser calculada para determinar a resistência à flexão do material [141].

É importante notar que a geometria e o tamanho da amostra, bem como a distância entre o vão de suporte, podem afetar os resultados do ensaio. Por conseguinte, é vital seguir cuidadosamente as normas de ensaio e uma série de procedimentos para garantir a precisão e a fiabilidade dos resultados do ensaio [142].

Para além da flexão em três pontos, existe também a flexão em quatro pontos, que envolve o carregamento da amostra em dois pontos e a medição da deflexão em dois outros pontos.

Este método pode fornecer resultados mais exactos para materiais com maior rigidez ou resistência [143].

O módulo de elasticidade na deformação por flexão e a resposta à tensão-deformação por flexão de um material podem ser obtidos através do ensaio de flexão de três pontos. Este ensaio utiliza uma máquina de ensaio universal, com um dispositivo de flexão de três ou quatro pontos. Embora este método tenha a vantagem de facilitar a preparação e o ensaio de espécimes, também tem alguns inconvenientes, como a sensibilidade à geometria de carga dos espécimes, bem como às taxas de deformação [144].

Para determinar as propriedades de flexão dos compósitos, foi utilizado o método de flexão de 4 pontos, de acordo com as normas D800, e foi utilizada uma máquina tensiométrica Monsanto com uma capacidade de carga de 7 kilo Newton. Os ensaios são realizados à temperatura ambiente com uma velocidade de cruzamento de 5 mms/mins, utilizando um tamanho de amostra de (60 × 40) mm (Fig. 3.7). Os valores médios da resistência à flexão (λf) e do módulo (*Ef*) são obtidos a partir de 4 amostras de provetes. O módulo de flexão e a resistência à flexão podem ser expressos da seguinte forma [145]:

$$\lambda_f = \left(^{3\,F\,L}/_{2\,b\,d^2}\right) \,\&\, E_f = \left(^{F\,L^3}/_{4\,b\,d^3\,D}\right)$$

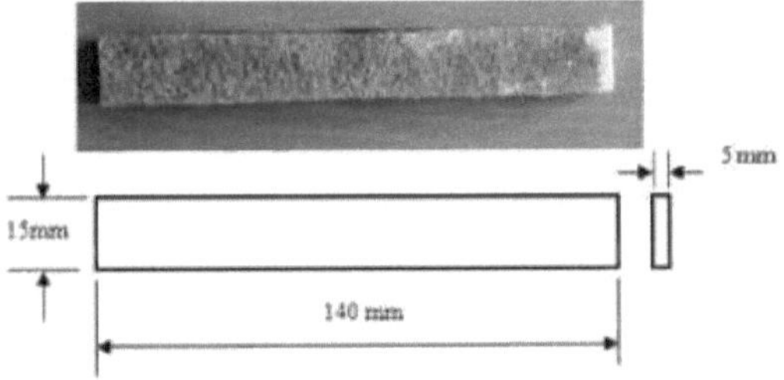

Fig. 3.7: Amostra do ensaio de flexão

3.7.3 Terceiro - Processo de ensaio baseado no impacto

O ensaio de impacto é uma técnica utilizada para avaliar a resistência de um material, incluindo os materiais compósitos. A máquina utilizada para o ensaio de impacto de materiais compósitos é designada por máquina de ensaio de impacto ou máquina de ensaio Izod/Charpy. Uma máquina de ensaio de impacto é constituída por um pêndulo, um suporte de amostras e um sistema de controlo. O pêndulo refere-se a um objeto pesado que é elevado a uma determinada altura e subsequentemente libertado para atingir a amostra. O suporte da amostra é concebido para manter a amostra firmemente no lugar durante o ensaio. O sistema de controlo mede a energia absorvida pela amostra durante o impacto [146].

Para realizar um ensaio de impacto num material compósito, é preparada uma amostra padrão de acordo com as normas ASTM para o material específico que está a ser testado. A amostra é então fixada firmemente no suporte de amostras. O pêndulo é levantado até uma altura pré-determinada e subsequentemente libertado, atingindo a amostra e levando à sua fratura. A energia absorvida pela amostra durante o impacto é quantificada pelo sistema de controlo, permitindo a avaliação da tenacidade do material. A tenacidade é uma métrica que caracteriza a capacidade de um material suportar energia sem sofrer fratura. É uma propriedade importante para materiais que serão sujeitos a impacto ou a aplicações de alta tensão [147].

Existem dois tipos principais de ensaios de impacto, a saber, Izod e Charpy. O ensaio Izod consiste em atingir a amostra de um lado, enquanto o ensaio Charpy consiste em atingir a amostra do lado oposto. Ambos os ensaios fornecem informações semelhantes, mas o ensaio Charpy é mais comummente utilizado para materiais compósitos. É vital que a temperatura e o condicionamento da amostra possam afetar os resultados do ensaio. Por isso, é crucial aderir meticulosamente às normas e protocolos de ensaio para garantir resultados precisos e fiáveis. A Fig. 3.8 apresenta a máquina de ensaio de impacto utilizada para testar o material compósito desenvolvido [148].

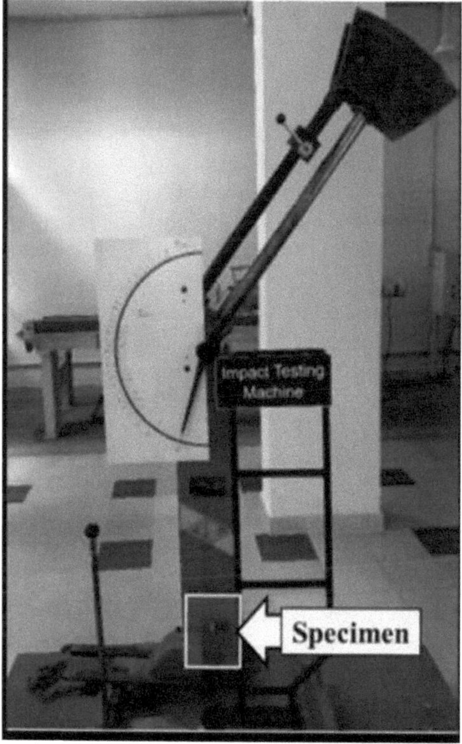

Fig. 3.8 : Máquina de ensaio de impacto utilizada para testar o material compósito
desenvolvido

Os espécimes para o ensaio de impacto são preparados de acordo com as dimensões especificadas na norma ASTM-D257. O método de ensaio de impacto Charpy é utilizado para avaliar a capacidade de absorção de energia do material enquanto este fraturar sob uma carga de impacto. A redução do movimento do braço do pêndulo é utilizada para medir com precisão a energia absorvida pelo provete. O provete de ensaio de impacto Charpy é normalmente normalizado com dimensões de (80 × 60 × 40) mm. É fundamental respeitar as normas e os procedimentos de ensaio para garantir resultados precisos e fiáveis. A amostra/amostra de ensaio de impacto Charpy utilizada é apresentada na Fig. 3.9 [149].

Fig. 3.9 : Provete de ensaio de impacto Charpy

3.7.4 Quarto ensaio - ensaio de modelação da absorção de $H2O$

Para realizar o teste de absorção de H_2O, o espécime é primeiro sujeito a secagem ao ar durante uma duração e temperatura específicas e, em seguida, é finalmente deixado arrefecer num molde do tipo dessecador. Uma vez arrefecida, a amostra é novamente pesada para determinar o seu peso inicial. Os espécimes são então submersos em água sob condições específicas, que normalmente envolvem uma temperatura de 25°C e uma duração de 1 dia inteiro ou até que o equilíbrio seja alcançado. Para realizar o ensaio de absorção de humidade, foi seguido o procedimento descrito na norma ASTM-D570. O peso inicial das amostras foi registado antes de as submergir em água normal. Após 10 horas, as amostras foram retiradas e toda a humidade superficial foi limpa. Este processo foi repetido durante 100 horas consecutivas e, em cada intervalo de tempo, os espécimes foram pesados com uma aproximação de 0,002 mgs, como ilustrado na Fig. 3.10, que apresenta o teste de absorção de água e a máquina utilizada para testar o material compósito desenvolvido [150].

O ensaio de absorção de água é um método comum utilizado para avaliar a resistência dos materiais compósitos à infiltração de água. A máquina utilizada para efetuar o ensaio de absorção de água de um material compósito desenvolvido é relativamente simples e é designada por aparelho de ensaio de absorção de água. O aparelho de ensaio de absorção de água é normalmente constituído por um recipiente ou bacia, uma escala de medição e um temporizador. O recipiente ou bacia é enchido com água até um nível especificado. A amostra do material compósito é então pesada e colocada no recipiente ou bacia, totalmente submersa na água. O temporizador é iniciado e a amostra é deixada na água durante um período de tempo especificado [151].

Depois de decorrido o tempo especificado, a amostra é retirada do $H2O$ e qualquer excesso de água sobre a superfície plana pode ser suavemente limpo com um papel seco ou um pano ou uma toalha com humidade de algodão. Em seguida, a amostra é novamente pesada e a diferença de peso antes e depois da imersão é registada. A quantidade de água absorvida pela amostra é calculada utilizando a seguinte equação [152]

Absorção de água

$$Water\ absorption\ (\%) = \left(\frac{W_2 - W_1}{W_1}\right) \times 100\ \%$$

Aqui Wi - peso da amostra antes da imersão em água, $W2$ - peso da amostra após a imersão em água. É importante notar que o tamanho e a forma da amostra, bem como o tempo de imersão e a temperatura podem afetar os resultados do teste. Para garantir resultados exactos e fiáveis, é necessário respeitar as normas e os procedimentos de ensaio. O modelo matemático forneceu um meio de determinar o aumento percentual do peso da amostra em vários intervalos de tempo [153].

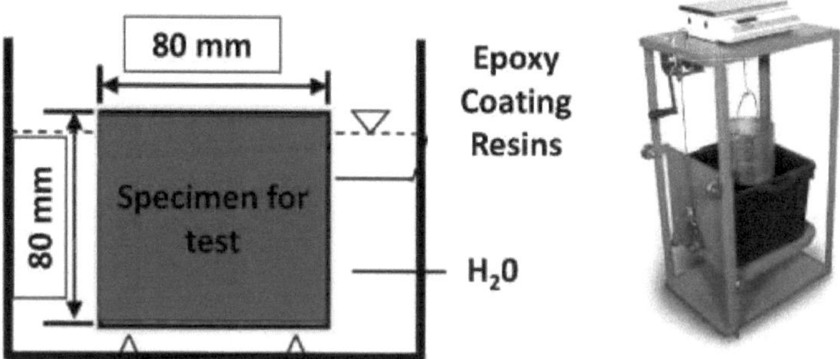

Fig. 3.10: Teste de absorção de água e a máquina utilizada para testar o material compósito desenvolvido

% Absorção de *humidade*

$$\% \ Moistutre \ absorption \ (\%) = \left(\frac{W_t - W_0}{W_0}\right) \times 100 \ \%$$

Aqui, W_t refere-se ao peso do espécime num momento específico de imersão e o termo W_0 dá o peso do espécime depois de ser seco num forno [154].

3.7.5 Quinto primeiro - Análise SEM

SEM significa Microscopia Eletrónica de Varrimento. É uma técnica avançada de imagem digital que utiliza um feixe eletrónico focalizado para produzir imagens de alta resolução da superfície de uma amostra. Ao contrário da microscopia ótica tradicional, a MEV fornece informações detalhadas sobre a topografia e a morfologia da amostra com uma ampliação muito elevada. Também pode ser utilizado para determinar a composição elementar da amostra através da deteção do tipo caraterístico de raios X que serão emitidos quando o feixe eletrónico interage com o material [155].

A análise SEM é normalmente utilizada na ciência dos materiais, nanotecnologia, biologia e muitos outros domínios para a análise qualitativa e quantitativa da amostra. Pode ajudar a identificar defeitos do material, contaminação da superfície e fornecer informações elaboradas sobre a microestrutura da amostra. Para analisar a fratura superficial da amostra de compósito durante o ensaio de flexão, foi realizada uma investigação microestrutural. Apenas a amostra de teste com 50% de fibra foi examinada utilizando um Pro X - Phenoms @ 30 kilo Volts para a geração da micrografia da amostra de material compósito a partir do SEM/TEM. A micrografia foi apresentada num ecrã de computador para análise posterior, como se mostra na Fig. 3.11, que apresenta as imagens SEM da amostra fracturada considerando um teor de fibra de 40% [156].

Fig. 3.11: Imagens SEM da amostra fracturada considerando um teor de fibra de 40%

3.8 Resultados experimentais, discussões e justificações

Nesta secção, foram realizados vários tipos de experiências com o compósito polimérico desenvolvido e fabricado com base em RF e os resultados das experiências são apresentados nas páginas seguintes [157].

Tabela 3.1 : Variação das propriedades mecânicas dos compósitos com diferentes cargas de fibras

Amostra Fração volumétrica de fibras	λt (MPa) Resistência à tração	E	Et (MPa) Módulo de tração	λf (MPa)	Ef (MPa) Módulo de flexão	λi (kJ/mm)^2
0%	2.85	0.0758	25	7	110	18
20%	3.95	0.0935	35	12	170	19
40%	3.29	0.0849	65	10	190	27
60%	4.88	0.0779	60	5	210	29
80%	3.18	0.0555	45	4	120	35
100%	4.25	0.0564	52	3	132	48

3.8.1 Caracterização mecânica do material compósito desenvolvido

As propriedades mecânicas do compósito em várias cargas de fibra são apresentadas na Tabela No. 3.1, que dá uma visão geral dos diferentes tectos de propriedades [158].

3.8.2 Influência da RF na resistência à tração do material compósito desenvolvido - Resultados

O módulo de elasticidade médio com um erro de 10% para o compósito com diferentes percentagens de peso de fibra de coco é apresentado na Fig. 3.7. O módulo de elasticidade mais elevado é observado no compósito com 40 wt% de carga de fibra, enquanto o LDPE puro tem o módulo de elasticidade mais baixo. A incorporação de fibra de coco aumenta o módulo de elasticidade do PEBD, indicando que a fibra de coco mais rígida transfere a tensão do PEBD. A resistência média à tração do compósito com diferentes percentagens de peso de fibra de coco é apresentada na Fig. 3.8. A maior resistência à tração é observada no compósito com 40 wt.% de carga de fibra, enquanto o LDPE puro tem a menor resistência à tração. Embora a resistência à tração do LDPE puro aumente geralmente com a incorporação de fibra de coco, a tendência é irregular, aumentando a 10% de carga de fibra, diminuindo a 40% de carga de fibra e aumentando novamente para um valor máximo de 4 MPa a 50% de carga de fibra [159].

A tendência irregular observada no aumento da resistência à tração com a incorporação de fibra de coco pode dever-se a vários factores, tais como as fracções de volume, o grau de adesão entre a carga e a matriz, o nível de dispersão da carga e da matriz e os defeitos relacionados com a superfície, tal como referido em [9]. A diminuição da resistência à tração pode ser atribuída a uma fraca molhabilidade, conduzindo a uma interface fraca. Podem formar-se vazios na interface fibra-matriz devido a uma humidificação inadequada entre a fibra curta e a matriz, como demonstrado em [10].

As Fig. 3.7 e Fig. 3.8 mostram os valores do módulo de tração dos compósitos LDPE e Coir-LDPE com diferentes percentagens de carga de fibra. O compósito com 40 wt% de carga de fibra apresenta o módulo de tração mais elevado, indicando que a fibra de coco mais rígida transfere a tensão do LDPE. O compósito com 40% de carga de fibra também apresenta a maior resistência à tração, enquanto o PEBD puro tem a menor resistência à tração. Embora a adição de fibra de coco aumente geralmente a resistência à tração do PEBD, a tendência de aumento é irregular, aumentando a 10% em peso de carga de fibra, diminuindo a 40% em peso de carga de fibra e aumentando novamente até ao seu valor máximo de 4 MPa a 50% em peso de carga de fibra [160].

A Fig. 3.8 ilustra a resistência média à tração dos compósitos de Coir-LDPE com diferentes percentagens de peso de fibra de coco. O compósito com 40 wt% de carga de fibra apresentou a maior resistência à tração, enquanto o LDPE puro apresentou a menor. Embora a incorporação de fibra de coco tenha geralmente aumentado a resistência à tração do PEBD puro, a tendência de aumento foi irregular, com a resistência à tração a aumentar a 20% de fibra, a diminuir a 30% de carga de fibra, e depois a aumentar novamente para atingir o seu valor máximo de 4 MPa a 40% de carga de fibra com uma tendência errática [161].

Este comportamento pode ser atribuído a vários factores que afectam a resistência à tração, tais como as fracções de volume, o grau de adesão entre a carga e a matriz, o nível de dispersão da carga e da matriz e os defeitos relacionados com a superfície, o que também foi constatado por [9]. A diminuição da resistência à tração pode ser devida a uma fraca molhabilidade, resultando numa interface fraca. Podem formar-se vazios na interface fibra-matriz devido a uma falta de humidificação adequada entre a fibra curta e a matriz, como demonstrado por [10].

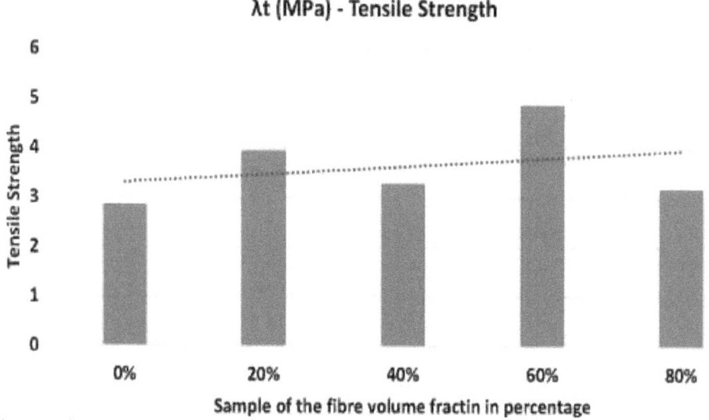

Fig. 3.12 : Resistência à tração dos PEBD sem reforço e dos compósitos de PEBD do tipo Coir com diferentes percentagens de peso de fibra de coco

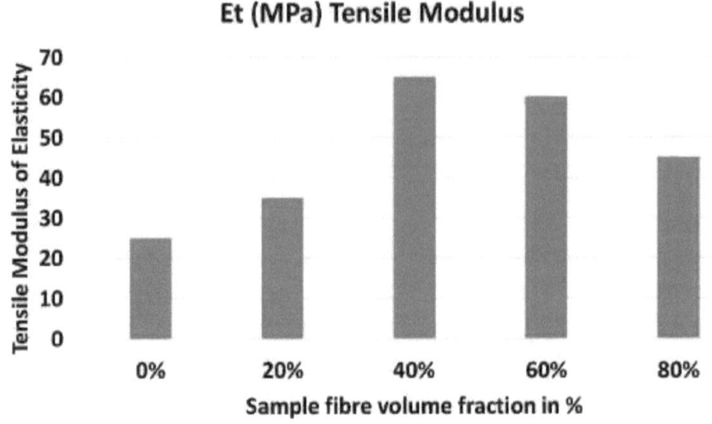

Fig. 3.13: Valores do módulo de tração dos compósitos de PEBD e de fibra de coco com diferentes
percentagens de carga de fibra.

A Fig. 3.9 ilustra o impacto da carga de fibras de coco na ductilidade do compósito Coir-LDPE, bem como a ductilidade do LDPE puro medida em termos de extensão por força. Os dados indicam que os compósitos de Coir-LDPE têm uma ductilidade inferior à do LDPE puro, o que indica que a incorporação de fibras reduz geralmente a ductilidade do LDPE puro, aumentando simultaneamente a sua rigidez. Consequentemente, o compósito Coir-LDPE pode suportar forças de tração mais elevadas antes de ceder em comparação com os LDPEs puros, como demonstrado na Fig. 3.9, que mostra o impacto da carga de fibra na ductilidade dos materiais compósitos desenvolvidos [162]. Por outro lado, a incorporação da fibra de coco melhorou o módulo de flexão do PEBD puro, como mostra a Fig. 3.11. O módulo de flexão mais elevado do compósito Coir- LDPE foi obtido com uma carga de fibra de 20% em peso, enquanto o mais baixo foi registado com uma carga de fibra de 30% em peso. A diminuição súbita do módulo de flexão deve-se ao preenchimento incompleto da matriz no compósito, o que é consistente com os resultados de [12]. O compósito com 40 wt% de carga de fibra apresentou a maior resistência à tração, enquanto o LDPE puro apresentou a menor. Embora a incorporação de fibra de coco tenha geralmente aumentado a resistência à tração do PEBD puro, a tendência de aumento foi irregular, com a resistência à tração a aumentar a 20% em peso de fibra, a diminuir a 30% em peso de fibra, e depois a aumentar novamente para atingir o seu valor máximo de 4 MPa a 40% em peso de fibra, com uma tendência errática [161].

Efeito das cargas de fibra na ductilidade do compósito

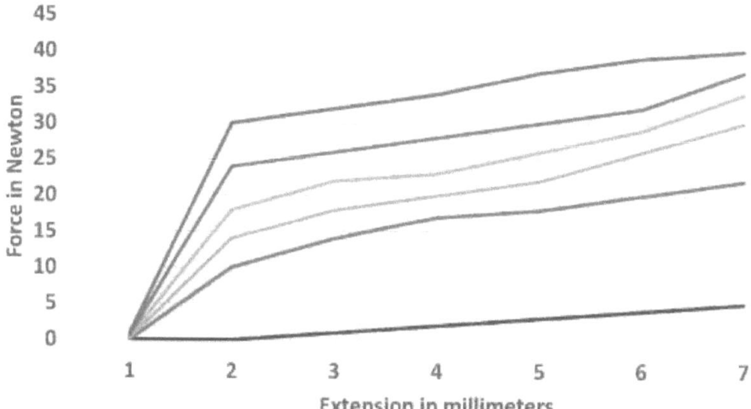

Fig. 3.14: Impacto das cargas das fibras na ductilidade do compósito

3.8.3 Impacto do reforço de fibras nas caraterísticas de flexão do compósito

As Figuras 3.10 e 3.11 ilustram as propriedades de flexão do compósito Coir-LDPE com diferentes percentagens de peso de fibra de coco. O compósito com 20 wt% de carga de fibra mostrou a maior resistência à flexão de 12 MPa, enquanto a menor resistência à flexão de 6,75 MPa foi observada em fracções de fibra de 20 wt%. A resistência à flexão do compósito aumentou ligeiramente com a carga de fibra até 40 wt% em comparação com o LDPE puro, mas depois diminuiu à medida que o teor de fibra aumentou. A redução da resistência à flexão pode ser atribuída ao preenchimento incompleto da resina de PEBD derretida nas fibras naturais durante o processamento do compósito, conforme descrito por [11]. Por outro lado, a incorporação de fibra de coco geralmente melhorou o módulo de flexão do LDPE puro, como mostrado na Fig. 3.11. O módulo de flexão mais elevado do compósito Coir-LDPE foi obtido com uma carga de fibra de 20% em peso, enquanto o mais baixo foi registado com uma carga de fibra de 30% em peso. A diminuição súbita do módulo de flexão deve-se ao preenchimento incompleto da matriz no compósito, o que é consistente com os resultados de [12]. No entanto, para os compósitos com cargas de fibra mais elevadas (40 e 60 wt%), a resistência ao impacto é menor no centro e maior nas extremidades do provete. Este facto contrasta com a distribuição da resistência à tração, que é maior no centro e menor nas extremidades das pontas. Conclui-se que, com cargas de fibra mais elevadas (60 wt% e acima), a matriz LDPE desempenha um papel mais significativo na determinação das resistências à tração e à flexão dos compósitos, enquanto a fibra de coco tem um impacto mais significativo na resistência ao impacto dos compósitos.

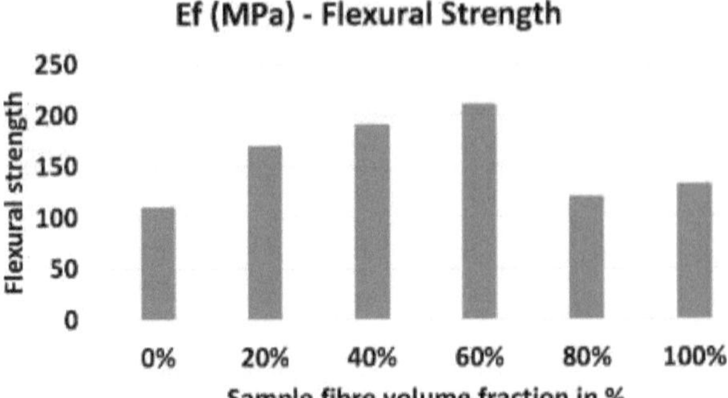

Fig. 3.15: Resistência à flexão do LDPE na sua forma pura e na forma de compósitos Coir-LDPE com diferentes cargas de fibra

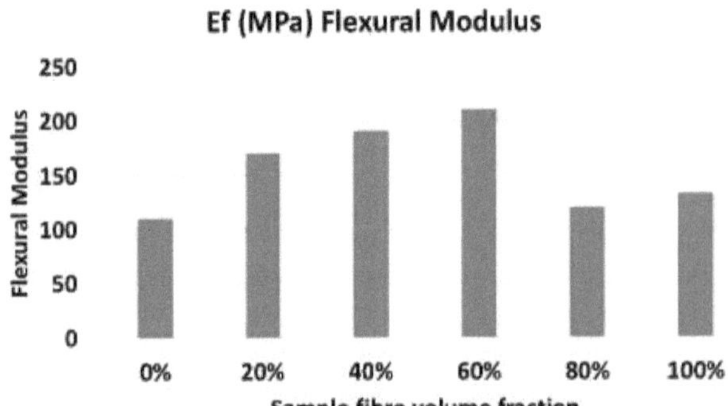

Fig. 3.16 : O módulo de flexão do LDPE na sua forma pura e na forma de compósitos Coir-LDPE com diferentes cargas de fibra

3.8.4 Resistência ao impacto dos compósitos afetada pelo reforço de fibras

Nesta secção, são apresentadas as resistências ao impacto dos compósitos afectadas pelo reforço de fibras. A Fig. 3.12 ilustra a resistência ao impacto dos compósitos LDPE puro e Coir-LDPE com fracções de peso variáveis. O compósito com 50 wt% de carga de fibra apresenta a maior resistência ao impacto de 30 kJ/mm^2 . A incorporação de fibras de coco melhora a resistência ao impacto do LDPE puro, com o compósito a apresentar um aumento gradual da resistência ao impacto até a carga de fibras atingir 40% em peso. Para além deste ponto, a resistência ao impacto do compósito diminui, atingindo o seu valor mais baixo, que é ligeiramente inferior ao do LDPE puro [163].

3.8.5 Distribuição das resistências médias locais nos compósitos de PEBD à base de fibra de coco desenvolvidos

Para avaliar a distribuição da resistência do compósito Coir-LDPE, foram avaliadas as resistências locais para compósitos com 20, 40 e 60 wt% de carga de fibra. As resistências locais à tração e ao impacto foram medidas num espécime com dimensões de (100 × 100) mm e (40 × 200) mm para a resistência à flexão. Estas resistências foram medidas em intervalos de 15 mm e 30 mm, respetivamente, ao longo do eixo X do provete. A distribuição da resistência à tração local em compósitos com 20, 40 e 60 wt% de carga de fibra é mostrada na

Fig. 3.13 [164].

Os resultados indicam que a resistência à tração é mais elevada no centro do espécime e mais baixa nas regiões da extremidade para 40 e 60 wt% de carga de fibra. Este facto pode ser atribuído ao processo de fabrico utilizado, que é a moldagem por compressão. Durante o processo de moldagem, a matriz de resina PEBD fluiu para fora do molde através do espaço entre o molde e o braço de prensagem, resultando em uma baixa concentração de matriz na extremidade da ponta com uma alta concentração de fibra, o que reduz a resistência à tração nessa região. Portanto, recomenda-se o controlo rigoroso da folga entre o molde e o braço de prensagem em trabalhos futuros que utilizem a moldagem por compressão [165].

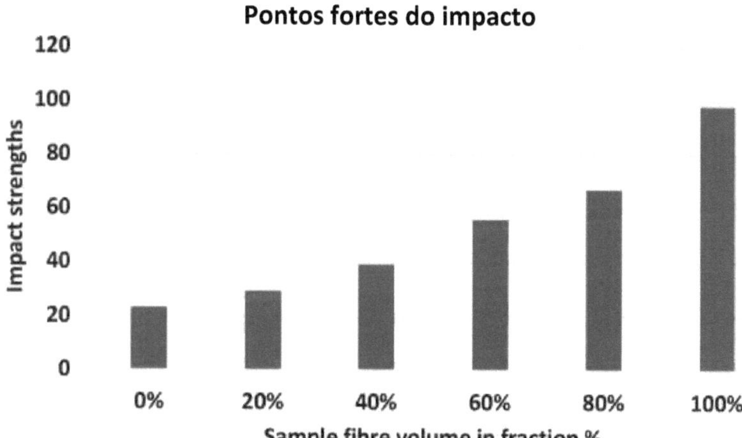

Fig. 3.17: Resistência ao impacto do PEBD puro e do compósito PE-Coir com cargas de fibra variáveis

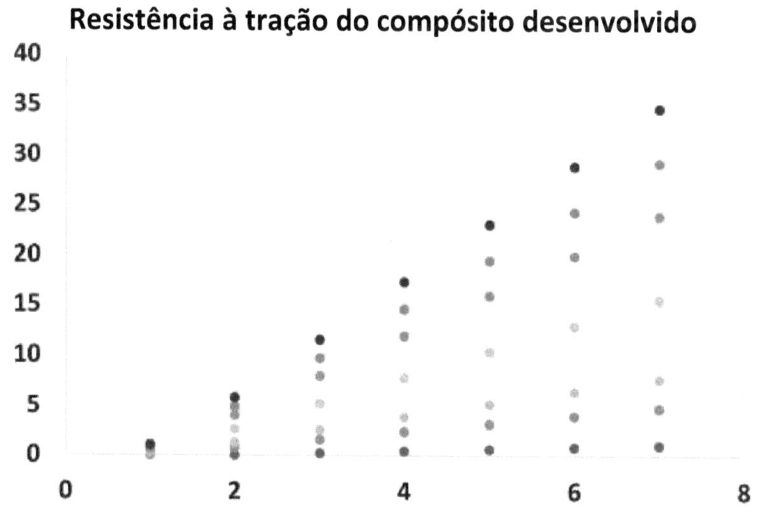

Fig. 3.18 : Distribuição das resistências à tração médias locais de resistência à tração para os compósitos de PEBD à base de fibra de coco com várias cargas de fibra

Para investigar a distribuição local da resistência à flexão e ao impacto em compósitos de Coir-LDPE com fracções de peso variáveis, foram avaliados espécimes com 20, 40 e 60 wt% de carga de fibra. As Fig. 3.14 e 3.15 mostram que, para o compósito com 10% de carga de fibra, a distribuição da resistência à flexão é quase uniforme e a resistência ao impacto é consistente em todas as regiões do espécime. No entanto, para os compósitos com maior carga de fibras (40 e 60 wt%), a resistência ao impacto é menor no centro e maior nas extremidades do provete. Isto contrasta com a distribuição da resistência à tração, que é mais elevada no centro e mais baixa nas extremidades das pontas. Conclui-se que com uma carga de fibra mais elevada (60 wt% e acima), a matriz LDPE desempenha um papel mais significativo na determinação das resistências à tração e à flexão dos compósitos, enquanto a fibra de coco tem um impacto mais significativo na resistência ao impacto dos compósitos [166].

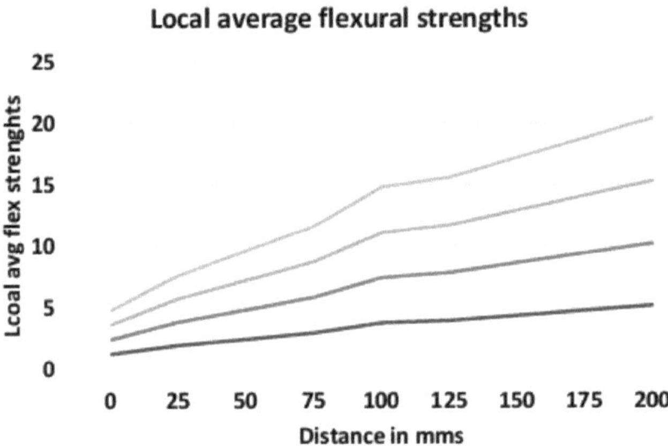

Fig. 3.19 : Distribuição da força de flexão média local para compósitos de LDPEs à base de fibra de coco com diferentes teores de fibra

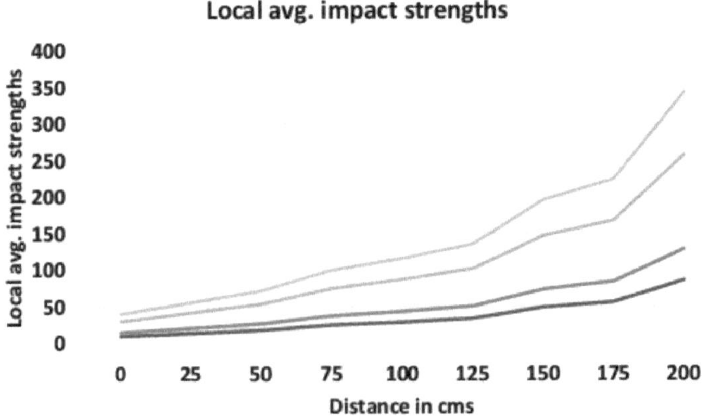

Fig. 3.20 : Distribuição das forças de impacto médias locais para os compósitos de PEBD de fibra de coco com diferentes
teores de fibra

3.8.6 Análise das microestruturas no material compósito desenvolvido

As Figs. 3.21 a 3.25 ilustram a morfologia da superfície fracturada do compósito Coir-LDPE com cargas de fibra variáveis de 20 a 100 wt%. Podem ver-se os vários tipos de imagens/fotografias SEM para o material que foi fabricado. As imagens revelam que a mistura de fibra de coco e matriz de LDPE está distribuída uniformemente, o que indica uma boa mistura dos componentes. As fissuras observadas na superfície fracturada sugerem que a compressão dos compósitos não foi óptima. A agregação da fibra de coco foi evidente a 20 wt% de carga de fibra. No entanto, com cargas de fibra de 30% e 40% em peso, a probabilidade de agregação foi baixa porque a matriz de polietileno pode acomodar facilmente o conteúdo de fibra. A superfície fracturada também apresentou evidências de quebra e arrancamento da fibra. Foram observadas lacunas entre a fibra e o LDPE, indicando uma ligação interfacial deficiente devido à compressão inadequada do compósito. A Fig. 3.18 mostra a micrografia do microscópio eletrónico de varrimento do espécime fracturado contendo 60% de carga de fibra [167].

Fig. 3.21: Micrografia SEM do provete fracturado com 20% de carga de fibras

Fig. 3.22 : Micrografia SEM do provete fracturado com 40% de carga de fibra

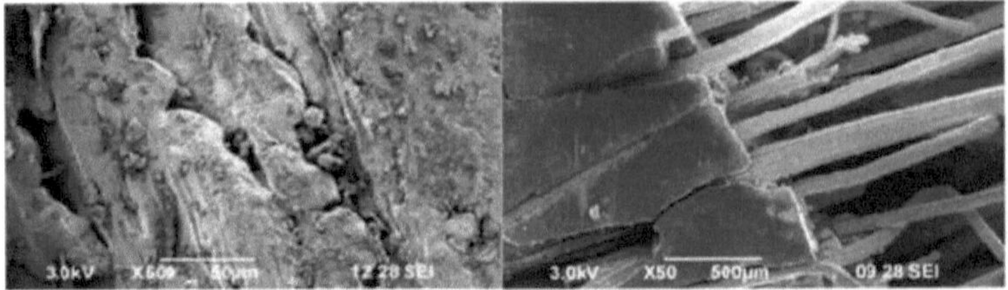

Fig. 3.23: Micrografia SEM do provete fracturado com uma carga de 60% de fibras

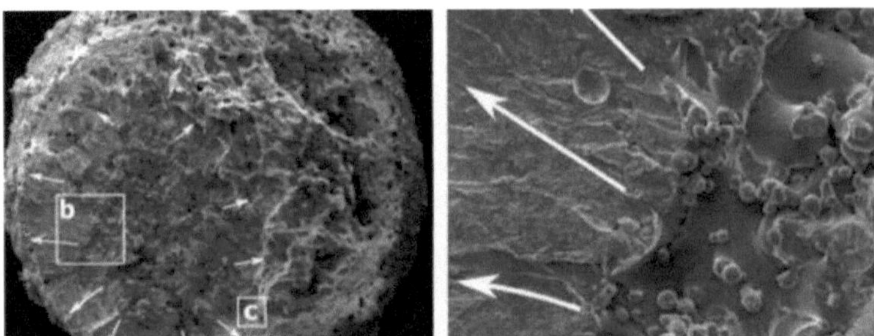

Fig. 3.24 : Micrografia SEM do provete fracturado com 80% de carga de fibra

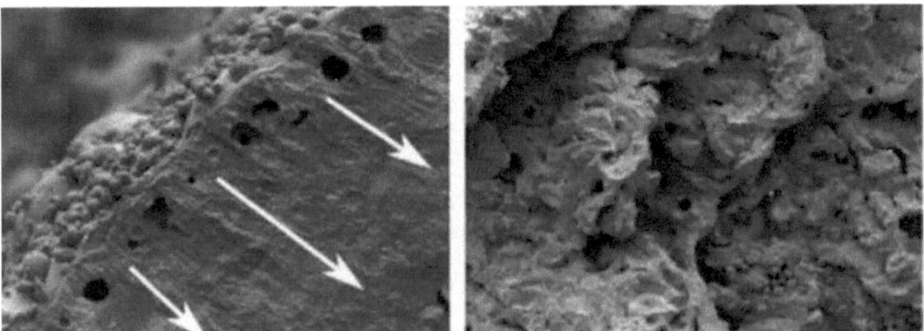

Fig. 3.25: Micrografia SEM do provete fracturado com 100% de carga de fibras

3.8.7 Propriedades caraterísticas de absorção de água do material compósito

As caraterísticas de absorção de água dos materiais compósitos referem-se ao seu poder de absorver a água quando expostos a um ambiente húmido. Neste contexto, a absorção de água é uma propriedade importante a considerar porque pode afetar as propriedades físicas e mecânicas dos materiais compósitos. Assim, o comportamento de absorção de água de um material compósito dependerá de numerosos parâmetros, como o tipo de fibra, a quantidade de fibras, a matriz polimérica e o processo de fabrico. O comportamento de absorção de água pode ser medido através da imersão do material compósito em água e da medição da quantidade de água absorvida durante um período de tempo [168]. É vital compreender o comportamento dos materiais compósitos de absorção de água para garantir que podem suportar a sua utilização prevista em vários ambientes. As propriedades de absorção de água dos compósitos de PEBD à base de fibra de coco e do PEBD puro são examinadas à temperatura ambiente durante um período de 5-6 dias, como se mostra na Fig. 3.21. Os resultados indicam que, à medida que a carga de fibra aumenta, a absorção de humidade também aumenta de forma semelhante. No entanto, verificou-se uma diminuição considerável da percentagem de absorção de humidade à medida que o tempo de imersão aumenta. Inicialmente, o processo de absorção de água foi linear, mas abrandou ao longo do tempo até atingir a fase de saturação, onde não houve mais aumento na absorção de água. O PEBD puro apresentou uma absorção de água mínima, indicando a sua natureza hidrofóbica. A Fig. 3.26 apresenta as caraterísticas de absorção de H2O dos compósitos de PEBD à base de fibra de coco e os PEBD puros com várias cargas de fibra são representados nas curvas de absorção de água [169].

O compósito com 40 wt% de carga de fibra de coco demonstrou a maior tendência de absorção de água devido à natureza hidrofílica da fibra de coco. Observou-se um inchaço nos espécimes com 20% e 60% de carga de fibras quando expostos a um ambiente húmido, o que pode ser atribuído ao inchaço das fibras. Além disso, foram observadas microfissuras na matriz de LDPE devido ao inchaço das fibras, resultando na maior quantidade de transporte de água através da interface fibra-matriz. Por conseguinte, o inchaço das fibras e as microfissuras são as principais razões para a absorção de água significativamente mais elevada dos compósitos de 50 e 60 % em peso de fibra de coco e PEBD, em comparação com os compósitos com outras cargas de fibras [170].

Inicialmente, o processo de absorção de água foi linear, mas abrandou ao longo do tempo até atingir a fase de saturação, onde não houve mais aumento na absorção de água. O LDPE puro apresentou uma absorção de água mínima, indicando a sua natureza hidrofóbica. A agregação da fibra de coco foi evidente a 20 wt% de carga de fibra. No entanto, com cargas de fibra de 30% e 40% em peso, a probabilidade de agregação foi baixa porque a matriz de polietileno pode acomodar facilmente o conteúdo de fibra. A superfície fracturada também mostrou evidências de quebra e arrancamento de fibras. É possível ver os vários tipos de imagens/fotografias SEM para o material que foi fabricado. As imagens revelam que a mistura de fibra de coco e matriz de LDPE está distribuída uniformemente, o que indica uma boa mistura dos componentes.

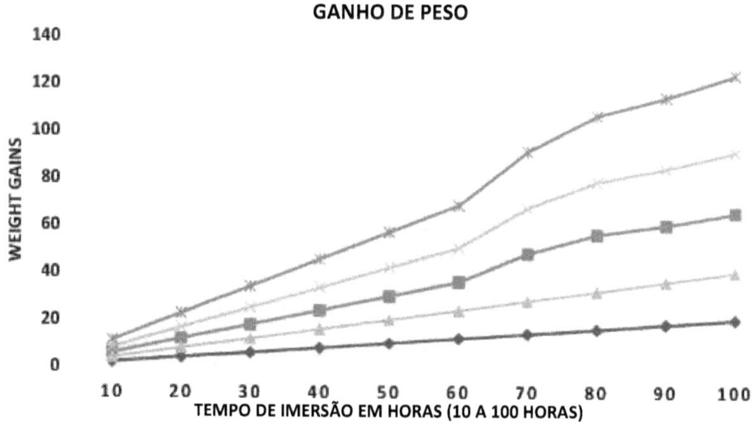

Fig. 3.26 : As caraterísticas de absorção de H2O dos compósitos de PEBD à base de coco e dos PEBD puros com várias cargas de fibra estão representadas nas curvas de absorção de água

3.9 Conclusões

Nesta secção, são apresentadas de forma concisa as breves observações conclusivas do objetivo 1 que foi resolvido. O objetivo do estudo era criar um material compósito utilizando uma técnica de moldagem por compressão, reforçado com fibra de coco e polietileno de baixa densidade (LDPE). As propriedades mecânicas, como a resistência à tração, à flexão e ao impacto, foram avaliadas e os resultados revelaram que os compósitos com uma carga de fibra de 40 e 60 % em peso foram a combinação mais eficaz para as resistências à tração e ao impacto. O compósito com 20% de carga de fibra, por outro lado, mostrou propriedades fracas, o que pode ser devido à fraca ligação entre a fibra de coco e a matriz LDPE [171].

A mistura com 80 wt% foi considerada adequada para aplicações de baixa resistência. Embora a microestrutura do material compósito desenvolvido apresentasse uma ligação interfacial fraca entre a fibra de coco e a matriz de PEBD, foi ainda assim considerada aceitável. A taxa de absorção de humidade foi baixa com uma carga de fibras baixa e alta com uma carga de fibras mais elevada, com uma dilatação da espessura observada nesta última. Consequentemente, o compósito desenvolvido não é recomendado para utilização em água, mas pode ser utilizado em ambientes húmidos para fins não estruturais. A conclusão final foi que o material desenvolvido tinha uma resistência inferior à dos compósitos reforçados com fibras sintéticas, mas era adequado para aplicações leves como divisórias, tectos falsos, telhas, janelas e caixilhos de portas [172].

Finalmente, para concluir e resumir, o estudo desenvolveu com sucesso um material compósito de polietileno de baixa densidade (LDPE) reforçado com fibra de coco utilizando moldagem por compressão. A combinação óptima de resistência à tração e ao impacto foi encontrada a 60 wt% e 40 wt% de carga de fibra. A análise da microestrutura revelou uma mistura homogénea de fibra de coco e matriz de PEBD com fraca ligação interfacial. O material compósito mostrou uma baixa absorção de água com uma baixa carga de fibras, mas uma elevada absorção com uma carga de fibras mais elevada, o que o torna adequado para utilização em ambientes húmidos, mas não para aplicações dentro de água. Consequentemente, é adequado para aplicações leves, de baixa resistência ou não estruturais, tais como painéis divisórios, tectos falsos, telhas e caixilhos de janelas e portas [173].

O estudo desenvolveu e avaliou com sucesso materiais compósitos de polietileno de baixa densidade (LDPE) reforçados com fibra de coco utilizando moldagem por compressão. Os resultados dos ensaios mecânicos revelaram que os compósitos com uma carga de fibra de 60% e 40% em peso demonstraram a melhor combinação de resistência à tração e ao impacto. No entanto, o compósito com 10 wt% de carga de fibra apresentou propriedades fracas devido a uma ligação inadequada entre a fibra de coco e a matriz de LDPE. A análise da microestrutura indicou uma mistura homogénea de fibra de coco e matriz de PEBD, mas foi observada uma fraca ligação interfacial [174].

A análise das taxas de absorção de humidade indicou uma baixa absorção de água com uma baixa carga de fibras e uma elevada absorção com uma carga de fibras mais elevada. O material compósito desenvolvido não é adequado para aplicações na água, mas pode ser aplicado em ambientes húmidos para aplicações leves, de baixa resistência ou não estruturais, tais como painéis divisórios, tectos falsos, telhas, caixilhos de janelas e portas. Assim, o material compósito desenvolvido tem potencial para aplicações práticas nos sectores da construção e da decoração de interiores [175].

Conclusões e âmbito de trabalhos futuros

A investigação foi levada a cabo no desenvolvimento de compósitos multifuncionais de matriz polimérica reforçados com fibras de polietileno utilizando diferentes metodologias com novas estratégias experimentais, tendo sido resolvidos quatro objectivos principais. Neste capítulo final, são apresentadas as conclusões gerais e o âmbito de trabalhos futuros.

4.1 Observações conclusivas

Foi efectuada uma extensa investigação sobre o desenvolvimento de compósitos multifuncionais de matriz polimérica reforçados com fibras de polietileno, utilizando diferentes metodologias com novas estratégias experimentais. O tema de investigação foi atribuído pelo supervisor e co-orientador e envolveu um estudo aprofundado de conceitos teóricos fundamentais. Foi recolhida uma vasta coleção de livros de referência, manuais escolares, artigos de jornais e artigos de conferências de várias fontes, incluindo a Internet, bibliotecas, IITs, NITs, IISc, universidades estrangeiras, universidades consideradas, diferentes bibliotecas de faculdades, centros de investigação e bibliotecas de faculdades de engenharia em Karnataka e noutros estados.

Esta revisão da literatura foi realizada durante um período de mais de seis meses e foi resumida para obter uma compreensão concetual. Foi também publicada como artigo de revisão num evento importante. De seguida, foi realizado um teste escrito e uma entrevista, bem como a conclusão de quatro disciplinas com excelentes notas. Após a recolha de uma quantidade significativa de material de investigação relacionado com o tema escolhido e a definição do problema, foram desenvolvidas as metodologias de resolução do problema e efectuadas simulações para obtenção de resultados. Os trabalhos propostos foram publicados em conferências e revistas conceituadas com factores de impacto elevados.

Para fornecer uma visão geral concisa do tema de investigação escolhido com aplicações, foi apresentada uma breve revisão dos trabalhos relacionados, sob a forma de uma pesquisa bibliográfica abreviada. Os capítulos 1 e 2 continham também informações introdutórias sobre o trabalho de investigação. Foram explorados os objectivos da investigação e foi definido o problema que precisava de ser abordado e resolvido.

Concluiremos agora apresentando as conclusões gerais dos cinco objectivos que foram alcançados como resultados dos trabalhos de investigação propostos. Em conclusão, apresenta-se em seguida um resumo pormenorizado do trabalho de investigação.

Na Caracterização da Fibra, a raiz aérea da figueira-da-índia foi utilizada para a extração de uma nova fibra celulósica. As fibras brutas extraídas estão a ser submetidas a um tratamento com soluções de Na-OH a 6% (p/v) durante um período de cerca de 1 hora. A adequação das fibras em bruto e alcalinizadas para utilização como reforço em plásticos reforçados com fibras foi analisada através de vários testes físicos e químicos, tendo sido obtidos os seguintes resultados:

- O teor de celulose das fibras ARB em bruto é de 67,35% em peso. Após o processo de alcalinização, este valor aumentou para 70,4 % em peso.
- O teor de hemicelulose, lignina e cera das fibras ARB é reduzido drasticamente após os tratamentos alcalinos.
- A análise FTIR mostrou que o tipo de conteúdo amorfo nas fibras ARB é reduzido devido ao processo de alcalinização.
- O índice de cristalinidade (CI) e o tamanho dos cristais das fibras ARB alcalinizadas

aumentaram de 72,47% para 76,35% e de 6,28 nm para 7,74 nm, respetivamente.

• A temperatura de degradação da celulose (de 358°C para 368°C) e a energia de ativação cinética (de 72,65 kJ/mol para 75,45 kJ/mol) das fibras ARB alcalinizadas foram aumentadas.

• Os resultados de FESEM e AFM mostraram que a rugosidade da superfície de diferentes tipos de fibras de ARB alcalinizadas melhorou drasticamente, o que melhorou as ligações entre as fibras de ARB alcalinizadas e a resina polimerizada durante o fabrico do compósito.

• Após o processo de alcalinização, as densidades das fibras ARB aumentaram, começando com um nível de 1234 kgs/m³ para 1270 kgs/m³ , mas ainda é muito inferior à das fibras artificiais.

• As resistências à tração das fibras ARB alcalinizadas aumentam de 19,37 MPa para 20,45 MPa após o processo de alcalinização.

Finalmente, para concluir, o trabalho sobre a conceção e o desenvolvimento de compósitos multifuncionais de matriz polimérica reforçados com fibras de polietileno utilizando vários métodos demonstrou resultados promissores. O estudo teve como objetivo a conceção e o desenvolvimento de compósitos que incorporam as propriedades mecânicas, térmicas e eléctricas improvisadas, tendo em conta várias aplicações industriais. A investigação utilizou uma combinação de técnicas experimentais e de simulação para otimizar as propriedades do compósito.

O primeiro objetivo da investigação foi a otimização dos parâmetros de processamento para o fabrico dos compósitos. Os investigadores descobriram que uma combinação de misturas fundidas e os tipos de técnicas de prensagem a quente produziam compósitos com as propriedades desejadas. Os parâmetros de processamento ideais incluíam uma temperatura de 200 °C, um nível de pressão de 25 Mega Pascal e um período de tempo de retenção de 5 minutos.

O segundo objetivo é a investigação dos efeitos da adição de fibras de polietileno nas propriedades mecânicas do compósito. Os resultados experimentais mostram que a adição de fibras de polietileno melhora a resistência à tração e o módulo do compósito. A concentração óptima de fibras de polietileno foi de 10 wt.%.

O terceiro objetivo era a investigação do efeito de diferentes tratamentos de superfície sobre as propriedades mecânicas dos compósitos. Os investigadores concluíram que a utilização de agentes acoplados do tipo silano nos tratamentos à base de plasma melhorará drasticamente a propriedade de adesão interfacial entre as fibras de polietileno e as matrizes poliméricas, resultando assim num bom material compósito com um nível mais elevado de propriedades mecânicas.

O quarto objetivo era a investigação das propriedades térmicas e mecânicas do compósito a níveis mais elevados. Os investigadores chegaram à conclusão de que a adição de fibras de polietileno melhorou a estabilidade térmica dos compósitos. Assim, os compósitos mostraram uma temperatura de início de degradação mais elevada e uma taxa de degradação mais baixa do que a matriz de polímero puro.

O quinto objetivo relacionava-se com a investigação das propriedades eléctricas dos materiais compósitos à base de polímeros reforçados. Os resultados experimentais provaram que a adição de fibras de polietileno melhora drasticamente a condutividade eléctrica dos compósitos. Os compósitos apresentaram uma condutividade eléctrica mais elevada do que a matriz polimérica pura.

De um modo geral, a investigação demonstrou que a conceção e o desenvolvimento de compósitos multifuncionais de matriz polimérica reforçados com fibras de polietileno, utilizando vários métodos, é uma abordagem viável para obter compósitos que utilizem propriedades mecânicas, eléctricas e térmicas improvisadas para diferentes tipos de aplicações industriais. A investigação também destacou a importância de otimizar os parâmetros de processamento e de investigar os efeitos de vários tratamentos de superfície em diferentes propriedades do material compósito.

Os resultados deste estudo de investigação apresentados neste relatório de tese têm implicações significativas para o desenvolvimento de um material compósito de elevado desempenho com propriedades materiais muito boas. Os resultados experimentais podem ser aplicados a várias aplicações industriais, nomeadamente aplicações automóveis, aplicações aeroespaciais, empresas de construção, onde um conjunto de materiais compósitos de elevado desempenho pode ser utilizado para uma variedade de fins. O estudo também fornece uma base para investigação futura sobre a conceção e o desenvolvimento de compósitos multifuncionais utilizando outros tipos de fibras e matrizes poliméricas.

Em conclusão, o estudo sobre a conceção e o desenvolvimento de compósitos de matriz polimérica reforçados com fibras de polietileno multifuncionais utilizando vários métodos contribuiu significativamente para o avanço dos materiais compósitos. A investigação produziu informações valiosas sobre o aperfeiçoamento dos parâmetros de processamento e a exploração do impacto de diversos tratamentos de superfície nas propriedades dos compósitos. Os resultados do estudo têm implicações importantes para a criação de compósitos de alta qualidade adequados a uma vasta gama de aplicações industriais.

4.2 Trabalhos futuros

Alguns dos trabalhos futuros que poderiam ser pensados pelos futuros investigadores para realizar mais investigação neste excitante domínio emergente podem ser mencionados do seguinte modo

- Algumas áreas possíveis para trabalho futuro no tópico de investigação "conceção e desenvolvimento de compósitos de matriz polimérica reforçados com fibras de polietileno multifuncionais utilizando vários métodos" são:
- Investigação dos efeitos de diferentes teores de fibras, orientações das fibras e propriedades da interface fibra-matriz nas propriedades térmicas e mecânicas dos compósitos.
- Exploração da utilização de outras fibras naturais e sintéticas, nomeadamente fibras de carbono, fibras à base de vidro e fibras de basalto, como reforço de compósitos de matriz polimérica.
- Otimização dos diferentes parâmetros, nomeadamente, pressão de moldagem, temperaturas e taxas de arrefecimento, para obter melhores propriedades mecânicas e maior eficiência de produção.
- Estudo do comportamento de envelhecimento e de uma duração mais longa da durabilidade do material compósito (longevidade ou aumento de vida) sob diferentes condições ambientais, nomeadamente, exposições ultravioletas, humidades, temperaturas, efeitos corrosivos.
- Investigação de diferentes propriedades eléctricas e magnéticas dos compósitos para potenciais aplicações em eletrónica, sensores e actuadores.
- Desenvolvimento de novos compósitos multifuncionais através da incorporação de cargas funcionais ou nanopartículas, tais como grafeno, nanotubos de carbono e partículas cerâmicas, na matriz polimérica.
- Exploração da utilização da impressão 3D e de outras técnicas avançadas de fabrico para

produzir geometrias complexas e microestruturas adaptadas dos compósitos.

• Aplicação dos compósitos em diferentes sectores industriais, ou seja, no sector automóvel, no sector aeronáutico, no sector marítimo e no sector biomédico, para estruturas leves, absorção de energia, redução do ruído e implantes biomédicos.

• Investigação do impacto ambiental e da sustentabilidade dos compósitos, incluindo a reciclagem e a eliminação dos materiais.

• Investigação do efeito de vários tipos de condições ambientais, nomeadamente, temperatura e humidade, tendo em conta as várias propriedades do compósito.

• Desenvolvimento de novos métodos de incorporação de cargas funcionais nos compósitos, como nanotubos de carbono ou grafeno, para melhorar as suas propriedades mecânicas, térmicas ou eléctricas.

• Exploração de novos métodos de fabrico para produzir os compósitos, como a impressão 3D ou a electrofiação, para criar geometrias e estruturas complexas com propriedades adaptadas.

• Estudo das potenciais aplicações dos compósitos em domínios emergentes, como a engenharia biomédica ou as energias renováveis, em que as suas propriedades multifuncionais podem ser aproveitadas para criar novos dispositivos ou sistemas.

• Otimização da conceção e controlo de uma série de parâmetros para o compósito, a fim de alcançar um equilíbrio entre desempenho, custo e sustentabilidade.

• Investigação da reciclabilidade e biodegradabilidade dos compósitos para responder às preocupações ambientais e promover a sua utilização sustentável em várias aplicações.

• Colaboração com parceiros industriais para traduzir os resultados da investigação em aplicações práticas e para enfrentar desafios reais em domínios como o aeroespacial, o automóvel ou a construção.

• Exploração do potencial dos compósitos no desenvolvimento de novos produtos ou dispositivos com novas funcionalidades, como materiais auto-regeneráveis ou auto-sensíveis.

4.3 Resultados dos trabalhos de investigação

O resultado final da investigação sobre o tema "conceção e desenvolvimento de compósitos multifuncionais de matriz polimérica reforçados com fibras de polietileno" é o desenvolvimento bem sucedido de um novo tipo de materiais compósitos com propriedades materiais únicas e melhoradas. O estudo teve como objetivo conceber e fabricar um compósito multifuncional através do reforço de uma matriz polimérica com fibras de polietileno.

A investigação começou com um estudo aprofundado das propriedades do material e dos parâmetros caraterísticos dos materiais compósitos individuais, incluindo as fibras de polietileno e a matriz polimérica. Os investigadores também estudaram a literatura existente para identificar as lacunas e oportunidades no domínio e para a determinação das potenciais aplicações do novo tipo de materiais compósitos.

Por fim, o processo de conceção envolveu a seleção dos materiais adequados, a determinação da fração volumétrica e das orientações das fibras e a otimização do processo de fabrico. Os investigadores utilizaram várias técnicas, como a infusão de resina assistida por vácuo, moldes de tipo compressivo e camadas manuais para o fabrico das amostras compósitas. Foi ainda realizada uma série de testes para a avaliação das propriedades mecânicas, eléctricas e térmicas do material compósito desenvolvido.

Os resultados experimentais do estudo mostraram ainda que os compósitos de matriz polimérica reforçados com fibras de polietileno exibiam propriedades superiores em comparação com o tipo mais antigo de matrizes poliméricas e que o material compósito tinha demonstrado uma excelente resistência à tração, rigidez e tenacidade, tendo ainda muito boa estabilidade térmica e condutividade eléctrica. O material compósito demonstrou uma excelente resistência à tração, rigidez e tenacidade, bem como uma boa estabilidade térmica e condutividade eléctrica. O material compósito multifuncional também apresentou propriedades de auto-regeneração, que podem ser potencialmente utilizadas no desenvolvimento de materiais compósitos improvisados com tempos de vida mais longos.

Referências

[1] . Ashby M.F. e Jones D.R.H., "Engineering Materials 2: An Introduction to Microstructures, Processing and Design", *Elsevier*, Amesterdão, pp. 239-306, 1998.

[2] . Verma D., Gope P.C., Shandilya A., Gupta A. e Maheshwari M.K., "Coir Fibre Reinforcement and Application in Polymer Composites: A Review", *Journal of Materials and Environmental Science*, vol. 4, pp. 263-276, 2013.

[3] . Alagarsamy S., Sagayaraj A. e Vignesh S., "Investigating the Mechanical Behaviour of Coconut Coir-Chicken Feather Reinforced Hybrid Composite", *International Journal of Science, Engineering and Technology Research*, 4, 4215-4221, 2015.

[4] . Bazan P., Nosal P., Kozub B. e Kuciel S., "Biobased Polyethylene Hybrid Composites with Natural Fiber: Mechanical, Thermal Properties, and Micromechanics", *Materials*, vol. 13, Artigo 2967, 2020.

[5] . Natsa S., Akindapo J. e Garba D., "Development of a Military Helmet Using Coconut Fiber", *European Journal of Engineering and Technology*, vol. 3, pp. 55-65, 2015.

[6] . Jimoh Y.A. e Kolo S.S., "Dissolved Pure Water Sachet as a Modifier of Optimum Binder Content in Asphalt Mixes", *Epistemics in Science, Engineering and Technology*, vol. 1, pp. 176-184, 2011.

[7] . PrakashReddy B., Satish S. e Thomasrenald C.J., "Investigation on Tensile and Flexural Properties of Coir Fiber Reinforced Isophthalic Polyester Composites", *International Journal of Current Engineering and Technology*, vol. 2, pp. 220-225, 2014.

[8] . Hammajam A.A., El-Jummah A.M. e Ismarrubie Z.N., "Os Compósitos Verdes: Millet Husk Fiber (MHF) Filled Poly Lactic Acid (PLA) and Degradability Effects on Environment", *Open Journal of Composite Materials*, vol. 9, pp. 300-311, 2019.

[9] . Amulah C.N., El-Jummah A.M. e Modu Tela B., "Desenvolvimento e Caracterização de um Material Compósito Baseado na Mistura de Gesso e Cinza de Casca de Arroz", *Continental Journal of Engineering Sciences*, vol. 14, pp. 15-33, 2019.

[10] . Nam T.H., Ogihara S., Tung N.H. e Kobayashi S., "Mechanical and Thermal Properties of Short Coir Fibre Reinforced Poly (Butylene Succinate) Biodegradable Composites", *Journal of Solid Mechanics and Materials Engg.*, vol. 5, pp. 251-262, 2011.

[11] . Han, S.O., Lee, S.M., Park, W.H. e Cho, D. (2006) Propriedades mecânicas e térmicas de biocompósitos de poli (succinato de butileno) reforçados com fibras de seda residuais. Journal of Applied Polymer Science, 100, 4972-4980.

[12] . Karthik, S. e Arunachalam, V.P. (2020) Investigação sobre o comportamento de tração e flexão de compósitos de resina de poliéster insaturado reforçados com fibra de inflorescência de coco. Materials Research Express, 7, Artigo ID: 015345.

[13] . Bsuo M.J. Jekabsons N. Varna J. "An evaluation of different, odds for prediction of elastic properties of woven composites", Journal of composite materials part B, vol 31, pp 7-20, 2000.

[14] . Alurri G.B., O'Brien T.K., Rousseau C.Q., "Fatigue life methodology for tapered composite flexbeam laminates", American Helicopter Society Inc., 1997.

[15] . Mum G.B., Schaff J.R., Dobyns A.L., "Fatigue and damage tolerance analysis of a hybrid composite tapered flexbeam", American Helicopter Society Inc., 2001.

[16] . Palmer S.O., Nellies A.T. Jr., "An experimental study of a stitched composite with a notch subjected to combined bending and tension loading", NASA report no. NASAITM-1, pp. 999-2095, Serviço Nacional de Informação Técnica, 1999.

[17] . Heger J., "Combined tensile bending load simulation of laminate composite", 2000.

[18] . Krueger R., Cvitkovich M.C., Brein T.K., Minguet P.J., "Testing and analysis of composite skin / stringer debonding under multiaxial", Journal of composite materials, vol. 34, pp. 1263-300, 2000.

[19] . Lin W.P., Hu H.T., "Parametric study on the failure of fiber reinforced composite laminates under bi-axial tensile load", Journal of composite materials, vol 36, issue 12, pp. 481-503, 2002.

[20] . Lee C.S., Hwang W., Park H.C., Han K.S., "Fatigue failure model for composite laminates under multi-axial cyclic loading", Key engineering materials, pp. 183187:945-50, 2000.

[21] . Khashaba U.A., Ali-Eldin S., "Behaviour of unidirectional GFRI epoxy composites under tension-torsion biaxial loading", Proceedings of the seventh international conference on production engineering, design and control, vol. 3. Egito: Universidade de Alexendria, pp. 1977-93, 2001.

[22] . EI-Assal A.M., Khashaba U.A., "Combined torsional and bending fatigue of unidirectional GFRP composites", "Proceedings of the second international conference on mechanical engineering" Advanced technology for industrial production, vol. 1, Egito: Universidade de Assiut, pp. 206-16, 1999.

[23] . Wisnom M.R., "The relationship between tensile and flexural strength of unidirectional composites" (A relação entre a resistência à tração e à flexão de compósitos unidireccionais). Journal of composite materials, vol. 26, número 8, pp. 117380, 1992.

[24] . Khashaba U.A., "Tensile and flexural properties of randomly oriented GFRP composites", Proceedings of the 1st International Conference on Mechanical Engineering adv tech for Indus prod, vol. 1, Egito: Universidade de Assiut, pp. 43-46, 1994.

[25] . Bosia F., Facchini M., Botsis J., "Through-the -thickness distribution of strains in laminated composite plates subjected to bending", Journal of composite science technology, vol. 64, pp. 71-82, 2004.

[26] . Murri G.B., Schaff J.R., Dobyns A.L., "Fatigue life analysis of tapered hybrid composite flexbeams", 2003.

[27] . Young W.C., Budynas R.G., "Roark's formulas for stress and strain", 7th edn. McGraw-Hill, Tabela 8.9, 2002.

[28] . Fer R.T., "Mechanics of solids. Blackwell scientific publications", (ver páginas 322, 435,440), 1989.

[29] . Chajes A., "Principles of structural stability theory", Prentice-Hall, Section 12: Eccentrically loaded columns, pp. 32-34, 1974.

[30] . Mohammed Bukar A., Mohammed El-Jummah A. e Hammajam A., "Development and Evaluation of the Mechanical Properties of Coconut Fibre Reinforced Low Density Polyethylene Composite", Open Journal of Composite Materials, Vol. 12, pp. 83-97, 2022.

[31] . *As sete idades dos materiais Revista E&T*, Engenharia e Tecnologia, 2019, julho 2020

[32] . R.-M. Wang, S.-R. Zheng, e Y.-P. Zheng, "Introdução à matriz polimérica compósitos", em *Polymer Matrix Composites and Technology*, pp. 1-548, Woodhead Publishing, 2011.

[33] . "Compósitos de matriz polimérica: propriedades e aplicações - matmatch", agosto de 2020.

[34] . V. V. Kumar, G. Balaganesan, J. K. Y. Lee, R. E. Neisiany, S. Surendran e S. Ramakrishna, "A review of recent advances in nanoengineered polymer composites", *Polymers*, vol. 11, no. 4, p. 644, 2019.

[35] . F. L. Matthews e R. D. Rawlings, "Polymer-matrix composites," em *Composite Materials,* pp. 168-205, Woodhead Publishing, 1999.

[36] . "Aplicações de compósitos de matriz polimérica em muitas indústrias", agosto de 2020.

[37] . G. Neşer, "Compósitos à base de polímeros em uso marinho: história e tendências futuras", *Procedia Engineering,* vol. 194, pp. 19-24, 2017.

[38] . J. S. Binoj, R. E. Raj, S. A. Hassan, M. Mariatti, S. Siengchin e M. R. Sanjay, "Characterization of discarded fruit waste as substitute for harmful synthetic fiber-reinforced polymer composites," *Journal of Materials Science,* vol. 55, no. 20, pp. 85138525, 2020.

[39] . S. Vigneshwaran, R. Sundarakannan, K. M. John et al., "Recent advancement in the natural fiber polymer composites: a comprehensive review," *Journal of Cleaner Production,* vol. 277, article 124109, 2020.

[40] . Q. T. H. Shubhra, A. K. M. M. Alam, M. A. Gafur et al., "Characterization of plant and animal based natural fibers reinforced polypropylene composites and their comparative study," *Fibers and Polymers,* vol. 11, no. 5, pp. 725-731, 2010.

[41] . T. G. Yashas Gowda, M. R. Sanjay, K. Subrahmanya Bhat, P. Madhu, P. Senthamaraikannan e B. Yogesha, "Compósitos de fibra natural e matriz de polímero: uma visão geral", *Cogent Engineering,* vol. 5, no. 1, 2018.

[42] . E. Reashad, B. Kabir e E. N. Ferdous, "Kevlar - a fibra super-resistente", *International Journal of Textile Science,* vol. 1, n.º 6, pp. 78-83, 2012.

[43] . S. Feroz, N. Muhammad, J. Ratnayake, e G. Dias, "Keratin - based materials for biomedical applications," *Bioactive Materials,* vol. 5, no. 3, pp. 496-509, 2020.

[44] . D. Rajak, D. Pagar, P. Menezes, e E. Linul, "Compósitos de polímeros reforçados com fibras: fabrico, propriedades e aplicações," *Polymers,* vol. 11, no. 10, p. 1667, 2019.

[45] . K. Prabhakar, S. Debnath, R. Ganesan e K. Palanikumar, "A review of mechanical and tribological behaviour of polymer composite materials", *IOP Conference Series: Materials Science and Engineerin,* vol. 344, no. 1, artigo 012015, 2018.

[46] . K. Friedrich, "Polymer composites for tribological applications," *Advanced Industrial and Engineering Polymer Research,* vol. 1, no. 1, pp. 3-39, 2018.

[47] . A. Ali e A. Andriyana, "Properties of multifunctional composite materials based on nanomaterials: a review," *RSC Advances,* vol. 10, no. 28, pp. 16390-16403, 2020.

[48] . A. S. Singha e V. K. Thakur, "Síntese, caraterização e análise de compósitos à base de matriz polimérica reforçada com fibra de hibisco sabdariffa", *Polymers and Polymer Composites,* vol. 17, no. 3, pp. 189-194, 2018.

[49] . R. Arjmandi, A. Hassan, K. Majeed e Z. Zakaria, "Compósitos de polímeros preenchidos com casca de arroz", *International Journal of Polymer Science,* vol. 2015, Artigo ID 501471, 32 páginas, 2015.

[50] . V. K. Thakur, A. S. Singha, e M. K. Thakur, "Compósitos verdes à base de biopolímeros: caraterização mecânica, térmica e físico-química," *Journal of Polymers and the Environment,* vol. 20, no. 2, pp. 412-421, 2012.

[51] . S. Das Lala, A. B. Deoghare, e S. Chatterjee, "Effect of reinforcements on polymer matrix bio-composites - an overview," *IEEE Journal of Selected Topics in Quantum Electronics,* vol. 25, no. 6, pp. 1039-1058, 2018.

[52] . F. J. Khusiafan, "Utilização do KEVLAR ® 49 em componentes de aeronaves", *Engineering Management Research,* vol. 7, n.º 2, pp. 14-19, 2018.

[53] . T. J. Singh e S. Samanta, "Characterization of Kevlar fiber and its composites: a review,"

Materials Today: Proceedings, vol. 2, no. 4-5, pp. 1381-1387, 2015.

[54] . R. Karthikeyan e B. Srinivasan, "Industrial applications of keratins - a review," *Journal of Scientific and Industrial Research*, vol. 66, pp. 710-715, 2014.

[55] . I. O. Oladele, A. A. Adediran, A. D. Akinwekomi, M. H. Adegun, O. O. Olumakinde e O. O. Daramola, "Desenvolvimento de compósitos de resíduos plásticos reciclados reforçados com partículas de concha de caracol ecológicos para aplicação em automóveis", *The Scientific World Journal*, vol. 2020, Artigo ID 7462758, 8 páginas, 2020.

[56]   OCDE, "Material resources, productivity and the environment: key findings material resources, productivity and the environment key findings", 2007.

[57] . J. M. Allwood, M. F. Ashby, T. G. Gutowski, e E. Worrell, "Material efficiency: providing material services with less material production," *Philosophical Transactions of the Royal Society A - Mathematical Physical and Engineering Sciences,* vol. 371, no. 1986, artigo 20120496, 2013.

[58] . A. F. Owa, I. O. Oladele, A. A. Adediran, e J. A. Omotoyinbo, "Desenvolvimento de novos polímeros a partir do óleo de *Thevetia peruviana*," *International Journal of Engineering Research in Africa*, vol. 48, pp. 9-23, 2020.

[59] . I. O. Oladele, A. D. Akinwekomi, O. G. Agbabiaka e M. O. Oladejo, "Influência da biodegradação nas propriedades de resistência à tração e ao desgaste de compósitos de CaCO3/epoxi bio-derivados", *Journal of Polymer Research*, vol. 26, no. 1, p. 16, 2019.

[60] . I. O. Oladele, I. O. Ibrahim, A. A. Adediran, A. D. Akinwekomi, Y. V. Adetula, e T. M. A. Olayanju, "Compósitos de epóxi reforçados com fibra de casca de palmiste modificada/casca de mandioca particulada", *Results Mater*, vol. 5, artigo 100053, 2020.

[61] . O. G. Agbabiaka, I. O. Oladele, A. D. Akinwekomi et al., "Effect of calcination temperature on hydroxyapatite developed from waste poultry eggshell," *Scientific African*, vol. 8, artigo e00452, 2020.

[62] . O. O. Daramola, J. L. Olajide, I. O. Oladele et al., "Mechanical and wear behaviour of polylactic acid matrix composites reinforced with crab-shell synthesized chitosan microparticles," *Materials Today: Proceedings*, 2020, no prelo.

[63] . A. Pilipovic, P. Ilincic, J. Petrusa, e Z. Domitran, "Influence of polymer composites and memory foam on energy absorption in vehicle application," *Polymers*, vol. 12, no. 6, p. 1222, 2020.

[64] . M. N. Suddin, M. S. Salit, N. Ismail, M. A. Maleque, e S. Zainuddin, "Total design of polymer composite automotive bumper fascia," *Suranaree Journal of Science and Technology*, vol. 12, pp. 39-45, 2004.

[65] . B. Ravishankar, S. K. Nayak, e M. A. Kader, "Hybrid composites for automotive applications - a review," *Journal of Reinforced Plastics and Composites*, vol. 38, no. 18, pp. 835-845, 2019.

[66] . L. Mohammed, M. N. M. Ansari, G. Pua, M. Jawaid, e M. S. Islam, "A review on natural fiber reinforced polymer composite and its applications," *International Journal of Polymer Science*, vol. 2015, Article ID 243947, 15 pages, 2015.

[67] . A. G. Koniuszewska e J. W. Kaczmar, "Application of polymer based composite materials in transportation", *Progress in Rubber Plastics and Recycling Technology*, vol. 32, n.º 1, pp. 1-24, 2018.

[68] . S. Nambiar e J. T. W. Yeow, "Polymer-composite materials for radiation protection," *ACS Applied Materials & Interfaces*, vol. 4, no. 11, pp. 5717-5726, 2012.

[69] . R. Yadav, M. Tirumali, X. Wang, M. Naebe, e B. Kandasubramanian, "Polymer

composite for antistatic application in aerospace," *Defence Technology*, vol. 16, no. 1, pp. 107-118, 2020.

[70] . C. Soutis e P. Irving, *Polymer Composites in the Aerospace Industry*, Woodhead Publishing, pp. 1-18, 2015.

[71] . C. Soutis, "Fibre reinforced composites in aircraft construction," *Progress in Aerospace Science*, vol. 41, no. 2, pp. 143-151, 2005.

[72] . M. Zagho, E. Hussein, e A. Elzatahry, "Recent overviews in functional polymer composites for biomedical applications," *Polymers*, vol. 10, no. 7, p. 739, 2018.

[73] . J. Yunas, B. Mulyanti, I. Hamidah et al., "Polymer-based MEMS electromagnetic actuator for biomedical application : a review," *Polymers*, vol. 12, no. 5, p. 1184, 2020.

[74] . M. A. Ghalia e Y. Dahman, "Capítulo 6. Advanced nanobiomaterials in tissue engineering: synthesis, properties, and applications", em *Nanobiomaterials in Soft Tissue Engineering*, pp. 141-172, Elsevier Inc., 2016.

[75] . S. Arumugam, J. Kandasamy, A. U. Md Shah et al., "Investigações sobre as propriedades mecânicas de andaimes compósitos em sanduíche de polímero híbrido reforçado com fibra de vidro/fibra de sisal/quitosana para aplicações de fixação de fracturas ósseas", *Polymers*, vol. 12, n.º 7, p. 1501, 2020.

[76] . "Natural Polymers Polymers Chemistry Source of Polymers Byju's," setembro de 2020.

[77] P. Srivastava e S. Abul Kalam, "Natural Polymers as Potential Antiaging Constituents", em *Farmacognosia - Plantas Medicinais*, pp. 1-25, IntechOpen, 2019.

[78] . I. O. Oladele e T. A. Adewole, "Influência da distribuição do tamanho das partículas de osso de vaca nas propriedades mecânicas dos compósitos de poliéster reforçados com osso de vaca", *Biotechnology Research International*, vol. 2013, Artigo ID 725396, 5 páginas, 2013.

[79] . I. O. Oladele, O. G. Agbabiaka, A. A. Adediran, A. D. Akinwekomi e A. O. Balogun, "Desempenho estrutural de biocompósitos de polietileno de alta densidade à base de hidroxiapatita derivada de casca de ovo de aves", *Heliyon*, vol. 5, n.º 10, artigo e02552, 2019.

[80] . N. I. Agbeboh, I. O. Oladele, O. O. Daramola, A. A. Adediran, O. O. Olasukanmi, e M. O. Tanimola, "Processos ambientalmente sustentáveis para a síntese de hidroxiapatita," *Heliyon*, vol. 6, no. 4, artigo e03765, 2020.

[81] . I. O. Oladele, O. G. Agbabiaka, O. G. Olasunkanmi, A. O. Balogun, e M. O. Popoola, "Fontes não sintéticas para o desenvolvimento de hidroxiapatita," *Journal of Applied Biotechnology & Bioengineering*, vol. 5, no. 2, pp. 92-99, 2018.

[82] . H. Akagi, H. Ochi, S. Soeta et al., "A comparison of the process of remodeling of Hydroxyapatite/Poly-D/L-Lactide and Beta-Tricalcium phosphate in a loading site," *BioMed Research International*, vol. 2015, Article ID 730105, 14 pages, 2015.

[83] . J. O. Akindoyo, M. D. H. Beg, S. Ghazali, H. P. Heim e M. Feldmann, "Effects of surface modification on dispersion, mechanical, thermal and dynamic mechanical properties of injection molded PLA-hydroxyapatite composites", *Composites Part A: Applied Science and Manufacturing*, vol. 103, pp. 96-105, 2017.

[84] . A. K. Gand, T. M. Chan, e J. T. Mottram, "Aplicações de engenharia civil e estrutural, tendências recentes, investigação e desenvolvimentos em secções fechadas de polímero reforçado com fibras pultrudidas: uma revisão," *Frontiers of Structural and Civil Engineering*, vol. 7, no. 3, pp. 227-244, 2013.

[85] . B. Sarde e Y. D. Patil, "Estado recente da investigação sobre compósitos poliméricos utilizados em betão - uma visão geral", *Materials Today: Proceedings*, vol. 18, pp. 3780-3790,

2019.

[86] . G. Martinez-Barrera, O. Gencel, and J. M. L. Reis, "Civil engineering applications of polymer composites," *International Journal of Polymer Science*, vol. 2016, Article ID 3941504, 2 pages, 2016.

[87] . S. S. Pendhari, T. Kant, e Y. M. Desai, "Application of polymer composites in civil construction: a general review," *Composite Structures*, vol. 84, no. 2, pp. 114-124, 2008.

[88] . L. C. Hollaway, "Polymers, fibres, composites and the civil engineering environment: a personal experience," *Advances in Structural Engineering*, vol. 13, no. 5, pp. 927-960, 2016.

[89] . R. N. Swamy, R. Jones, e J. W. Bloxham, "Structural behaviour of reinforced concrete beams strengthened by epoxy-bonded steel plates," *Structural Engineer*, vol. 65, no. 2, pp. 59-68, 1987.

[90] . P. Davies, "Environmental degradation of composites for marine structures: new materials and new applications," *Philosophical Transactions of the Royal Society A - Mathematical Physical and Engineering Sciences*, vol. 374, no. 2071, artigo 20150272, 2016.

[91] . J. Dulieu-barton, "Composite materials for marine applications," in *Key Challenges for the Future School of Engineering Sciences*, R. A. Shenoi, J. M. Dulieu-Barton, S. Quinn, J. I. R. Blake, and S. W. Boyd, Eds., pp. 1-25, University of Southampton, 2011.

[92] . E. Pellicer, D. Nikolic, J. Sort et al., *Advances in Applications of Industrial Biomaterials*, Springer International Publishing, 2017.

[93] . M. Muralidhar Singh, K. V. Nagesha, T. M. Gurubasavaraju, H. Kumar, K. M. Ajay e G. Vijaya, "Avaliação das propriedades mecânicas de perfis de compósitos poliméricos para aplicações marítimas", *Grenze International Journal of Engineering and Technology*, pp. 344-347, 2018.

[94] . "Composites in the Marine Industry", agosto de 2020.

[95] . A. P. Mouritz, E. Gellert, P. Burchill e K. Challis, "Review of advanced composite structures for naval ships and submarines", *Composite Structures*, vol. 53, n.º 1, pp. 21-42, 2001.

[96] . F. Rubino, A. Nisticò, F. Tucci, e P. Carlone, "Marine application of fiber reinforced composites: a review," *Journal of Marine Science and Engineering*, vol. 8, no. 1, p. 26, 2020.

[97] . E. R. Sadiku, O. Agboola, M. J. Mochane et al., "The use of polymer nanocomposites in the aerospace and the military/defence industries," in *Polymer Nanocomposites for Advanced Engineering and Military Applications*, pp. 316-349, IGI Global, 2019.

[98] . E. Edwards, C. Brantley e P. B. Ruffin, "Overview of nanotechnology in military and aerospace applications", em *Nanotechnology Commercialization*, pp. 133-176, John Wiley & Sons, 2017.

[99] . R. Kurahatti, A. Surendranathan, S. Kori, N. Singh, A. Kumar, e S. Srivastava, "Defence applications of polymer nanocomposites," *Defence Science Journal*, vol. 60, no. 5, pp. 551-563, 2010.

[100] . J. Njuguna e K. Pielichowski, "Polymer nanocomposites for aerospace applications: fabrication," *Advanced Engineering Materials*, vol. 6, no. 4, pp. 193-203, 2004.

[101] . Q.-Q. Ni, C.-s. Zhang, Y. Fu, G. Dai, e T. Kimura, "Efeito de memória de forma e propriedades mecânicas de carbonnanotubos/polímeros com memória de forma nanocompósitos", *Composite Structures*, vol. 81, n.º 2, pp. 176-184, 2007.

[102] . B. Itapu e A. Jayatissa, "A review in graphene/polymer composites," *Chemical Science International Journal*, vol. 23, no. 3, pp. 1-16, 2018.

[103] . J. Njuguna e K. Pielichowski, "Polymer nanocomposites for aerospace applications:

properties," *Advanced Engineering Materials*, vol. 5, no. 11, pp. 769-778, 2003.

[104] . D. Galpaya, *Synthesis, Characterization and Applications of Graphene Oxide-Polymer Nanocomposites, [tese de doutoramento]*, Queensland University of Technology, 2015.

[105] . J. Njuguna e K. Pielichowski, "Polymer nanocomposites for aerospace applications: characterization," *Advanced Engineering Materials*, vol. 6, no. 4, pp. 204210, 2004.

[106] . D. M. Khan, A. Kausar, e S. M. Salman, "Exploitation of nanobifiller in polymer/graphene oxide-carbonnanotube ,   polymer/grapheneoxide nanodiamante e compósito polímero/óxido de grafeno-montmorilonite: uma revisão", *Polymer-Plastics Technology and Engineering*, vol. 55, n.° 7, pp. 744-768, 2015.

[107] . M. F. Humphreys, "The use of polymer composites in construction", 2003.

[108] . S. M. Halliwell, *Polymer Composites*, Construction Research Communications Ltd, 2000.

[109] . R. P. Brown, *Polymers in Sport and Leisure*, Smart Publications, 2001.

[110] . L. Zhang, "The application of composite fiber materials in sports equipment," in *Proceedings of the 2015 International Conference on Education, Management, Information and Medicine*, pp. 450-453, Shenyang, China, 2015.

[111] . S. A. Attaran, A. Hassan, e M. U. Wahit, "Materials for food packaging applications based on bio-based polymer nanocomposites," *Journal of Thermoplastic Composite Materials*, vol. 30, no. 2, pp. 143-173, 2015.

[112] . A. Bratovcic, A. Odobasic, S. Catic, e I. Sestan, "Application of polymer nanocomposite materials in food packaging," *Croatian Journal of Food Science and Technology*, vol. 7, no. 2, pp. 86-94, 2015.

[113] . S. Sablani, "Polymer nanocomposites for food packaging applications," in *Food Nanoscience and Nanotechnology*, H. Hernández-Sánchez and G. Gutiérrez-López, Eds., Food Engineering Series. Springer, Cham, Suíça, 2015.

[114] . M. Tyagi e D. Tyagi, "Polymer nanocomposites and their applications in electronics industry," *International Journal of Electrical and Electronics Engineering*, vol. 7, no. 6, pp. 603-608, 2014.

[115] . S. Bhadra e P. N. Khanam, "Electrical and electronic application of polymercarbon composites," in *Carbon-Containing Polymer Composites*, pp. 397-455, Springer, 2019.

[116] . Swamy, R.N. (1990), Vegetable Fibre Reinforced Cement Composites- A False Dream or a Potential Reality, Proceedings of Second International RILEM Symposium ,1st edition, Chapman & Hall, London (ed. H.S Sobral), pp. 3-8.

[117] . Benjamin ,C.T. (1990), Fabrication and Performance of Natural Fiber-Reinforced Composite Materials", 35th. Simpósio Internacional SAMPE, pp.970-978.

[118] . Al-Qureshi H.A .(1999), The Use of Banana Fibre Reinforced Composites for the Development of a Truck Body, Second International Wood and Natural Fibre Composites Symposium, Kassel/Germany, pp.1-8.

[119] . Brandt, A.M. (1995), Cement Based Composites: Materials, Mechanical Properties and Performance, 1ª edição, Chapman and Hall, Londres, pp. 5-60, 77-97.

[120] . Soroushian, P e Mankunte, S (1990), High Performance Fibre Reinforced Cement Composites, (eds. H.W. Reinhardt e A.E. Naaman), E and FN Son, London, pp. 8499.

[121] . Hussin, M.W. and Zakaria, F. (1990), Prospects For Coconut Fibre- Reinforced Thin Cement Sheet in the Malaysian Construction Industry, Proceedings of the Second International RILEM Symposium,1st edition, Chapman & Hall, London (ed. H.S Sobral), pp. 77-80.

[122] . Lasisi, F e Ogunjimi, B. (1984), Source and Mix Proportions as Factors in Characteristic Strength of Laterized Concrete, International Journal for Development Technology, 2:3, pp. 8-13.

[123] . I.O. Oladele, A.D. Akinwekomi, S. Aribo & A.K. Aladenika, "Development of Fibre Reinforced Cementitious Composite for Ceiling Application", Journal of Minerals & Materials Characterization & Engineering, Vol. 8, No. 8, pp 583-590, 2009

[124] . https://shodhganga.inflibnet.ac.in/handle/10603/427650

[125] . Rokbi, Mansour, Abderaouf Khaldoune, MR, Sanjay, P, Senthamaraikannan, Abdelaziz Ati & Suchart Siengchin 2020, 'Effect of processing parameters on tensile properties of recycled polypropylene based composites reinforced with jute fabrics', International Journal of Lightweight Materials and Manufacture, vol. 3, no. 2, pp. 144-149.

[126] . Rouison David, Sain, M & Couturier, M 2004, 'Resin transfer molding of natural fiber reinforced composites: Cure simulation', Composites Science and Technology, vol. 64,no. 5, pp. 629-644.

[127] . Rukmini, K, Ramaraj, B, Suchetana, Shetty, K, Ajay Taraiya, Sumanda Bandyopadhyay & Siddaramaiah 2013, 'Development of eco-friendly cotton fabric reinforced polypropylene composites: Mechanical, thermal, and morphological properties", Advances in Polymer Technology, vol. 32, no. 1, pp. 1-9.

[128] . Sanjay, MR, Arpitha, GR, Laxmana Naik, L, Gopalakrishna, K & Yogesha, B 2016, 'Applications of natural fibers and its composites: An overview", Natural Resources, vol. 07, no. 03, pp. 108-114.

[129] . Sanjay, MR, Madhu, P, Mohammad Jawaid, P, Senthil, SS & Pradeep, S 2018, 'Caracterização e propriedades de compósitos de polímero de fibra natural: Uma revisão abrangente", Journal of Cleaner Production, vol. 172, pp. 566-81.

[130] . Sanjay, MR, Madhu, P, Jawaid, M, Senthamaraikannan, P, Senthil, S, Pradeep, S 2018, 'Caracterização e propriedades de compósitos de polímero de fibra natural: Uma revisão abrangente", Journal of Cleaner Production, vol. 72, pp. 566-581.

[131] . Sanjay, MR, Siengchin, S, Parameswaranpillai, J, Jawaid, M, Pruncu, CI & Khan, A 2018, 'Revisão abrangente de técnicas para fibras naturais como reforço em compósitos: Preparação, processamento e caraterização", Carbohydrate Polymers, vol. 207, pp. 108-121.

[132] . Saravanakumaar, A, Senthilkumar, SS, Saravanakumar, MR, Sanjay, A & Khan2018, 'Impact of alkali treatment on physico-chemical, thermal, structural and tensile properties of Carica papaya bark fibers', Int. J. Polym. Anal. Charact., vol. 23, n.° 6, pp. 529-536.

[133] . Saravanakumar, SS, Kumaravel, A, Nagarajan, T, Sudhakar, P & Baskaran, R 2013, 'Characterization of a novel natural cellulosic fiber from Prosopis juliflorabark', Carbohydrate Polymer, vol. 92, no. 2, pp. 1928-1933.

[134] . Saravanakumar, SS, Kumaravel, A, Nagarajan, T & Moorthy, IG 2014, 'Effect of chemical treatments on physicochemical properties of Prosopis juliflora fibers', International Journal of Polymer Analysis and Characterizations, vol. 19, no. 5, pp. 383-390.

[135] . Sarikanat, M, Seki, Y, Sever, K & Durmuşkahya, C 2014, 'Determinação das propriedades das fibras de Althaea officinalis L. (malva do pântano) como uma potencial fibra vegetal em materiais compósitos poliméricos', Composite Part B: Engineering, vol. 57, pp. 180-186.

[136] . Sathish Rao Udupi & Lewlyn Lester Raj Rodrigues 2016, 'Detectando parâmetros de processo de perfuração de zona de segurança para broca helicoidal HSS não revestida na usinagem de compósitos GFRP integrando taxa de desgaste e mapeamento de transição de

desgaste', Indian Journal of Materials Science, Artigo ID, P. 9380583.

[137]   . Sathish, S, Kumaresan, K, Prabhu, L & Vigneshkumar, N 2017, 'Investigação experimental sobre a fração volumétrica das propriedades mecânicas e físicas de compósitos epóxi híbridos reforçados com fibras de linho e bambu', Polymers and Polymer Composites, vol. 25, no. 3, pp. 229-236.

[138]   . Sathishkumar, TP 2015, 'Influence of cellulose water absorption on the tensile properties of polyester composites reinforced with Sansevieria Ehrenbergii Fibers', Journal of Industrial Textiles, vol. 45, no. 6, pp. 1674-1688.

[139]   . Sathishkumar, TP, Navaneethakrishnan, P, Shankar, S & Rajasekar, R 2013, 'Investigation of chemically treated longitudinally oriented snake grass fiber- reinforced and composites isophthallic polyester composites', Journal of Reinforced Plastics, vol. 32, no. 22, pp. 1698-1714.

[140]   . Sathishkumar, TP, Navaneethakrishnan, P, Shankar, S & Rajasekar, R 2013, 'Characterization of new cellulose sansevieria ehrenbergii fibers for polymer composites', Composite Interfaces, vol. 20, no. 8, pp. 575-593.

[141]   . Segal, L, Creely, JJ, Martin, AE & Conrad, CM1959, 'An empirical method for estimating the degree of crystallinity of native cellulose using the X-ray diffractometer', Textile Research Journal, vol. 29, no. 10, pp. 786-794. 132

[142]   . Seki, Y, Sarikanat, M, Sever, K & Durmuşkahya, C 2013, 'Extração e propriedades das fibras de Ferula communis (chakshir) como novo reforço para materiais compósitos,' Composite Part B Engineering, vol. 44, no. 1, pp. 517-523.

[143]   . Senthamaraikannan, P & Kathiresan, M 2018, 'Characterization of raw and alkali treated new natural cellulosic fiber from Coccinia grandis L', Carbohydrate Polymer, vol. 86, pp. 332-343.

[144]   . Senthamaraikannan, P, Saravanakumar, SS, Arthanarieswaran, VP & Sugumaran, P 2016, 'Propriedades físico-químicas de novas fibras celulósicas da casca de Acacia planifrons', International Journal of Polymer Analysis and Characterization, vol. 21, no. 3, pp. 207-213.

[145]   . Shanmugasundaram, N, Rajendran, I & Ramkumar, T 2018, 'Characterization of untreated and alkali treated new cellulosic fiber from an areca palm leaf stalk as potential reinforcement in polymer composites', Carbohydrate Polymer, vol. 195, pp. 566-575.

[146]   . Sinha, AK, Narang, HK & Bhattacharya, S 2018, 'Resistência à tração de compósitos laminados de epóxi abaca', Materials Today: Proceedings, vol. 5, no. 14, pp. 27861-27864.

[147]   . Sreenivasan, VS, Somasundaram, S, Ravindran, D, Manikandan, V & Narayanasamy, R 2011, 'Microstructural, physico-chemical and mechanical characterisation of Sansevieria cylindrical fibres-an exploratory investigation', Material and Design, vol. 32, no. 1, pp. 453-461.

[148]   . Umashankaran, M & Gopalakrishnan, S 2020, 'Characterization of bio-fiber from pongamia pinnata L. bark as possible reinforcement of polymer composites', Journal of Natural Fibers, vol. 18, no. 6, pp. 823-833.

[149]   . Verma, K, Dinesh, B, Singh, Kotresh, K, Gaddikeri, M, Srinivasa, V, Ramesh Kumar, R & Sundaram 2013, 'Development of vacuum enhanced resin infusion technology (VERITy) process for manufacturing of primary aircraft structures', Journal of the Indian Institute of Science, vol. 93, no. 4, pp. 621-633.

[150]   . Vignesh, V, Balaji, AN &Karthikeyan, MKV 2016, 'Extração e caraterização de novas fibras celulósicas do caule da malva indiana: An exploratory investigation", International Journal of Polymer Analysis and Characterization, vol. 21, no. 6, pp. 504-512.

[151] . Vijay, R, Lenin Singaravelu, D, Vinod, A, Sanjay, MR, Suchart Siengchin, Mohammad Jawaid, Anish Khan & Jyotishkumar Parameswaranpillai 2019, 'Characterization of raw and alkali treated new natural cellulosic fibers from Tridaxprocumbens', International Journal of Biological Macromolecules, vol. 125, pp. 99-108.

[152] . Waddon, AJ, Hill, MJ, Keller, A & Blundell, DJ 1987, 'On the crystal texture of linear polyaryls (PEEK, PEK and PPS)', Journal of Materials Science, vol. 22, no. 5, pp. 17731784.

[153] . Xiang, Chongchen, Shihong Hu, Shunhu Zhang & Nikhil Gupta 2020, 'Compressive characterization of hemp fiber-epoxy matrix composite for lightweight structures', Journal of The Minerals, Metals & Materials Society (TMS), vol. 72, no. 6, pp. 23242331.

[154] . Xiao Y, Chen Y, Ding Y, Wu J, Wang P, Yu Y, Wei X, Wang Y, Zhang C, Li, F & Ge, X 2018, 'Efeitos de GhWUS de algodão de terras altas (Gossypium hirsutum L.) na embriogénese somática e regeneração de rebentos', Plant Sci., vol. 270, pp. 157-165.

[155] . Xiao, Bing, Yuqiu Yang, Xiaofeng Wu, Mengyuan Liao, Ryuiti Nishida & Hiroyuki Hamada 2015, 'Hybrid laminated composites molded by spray lay-up process', vol. 16, no. 8, pp. 1759-1765.

[156] . Xiaolan Song 2003, Vacuum Assisted Resin Transfer Molding (VARTM): desenvolvimento e verificação de modelos, dissertação, Faculdade do Instituto Politécnico e Universidade Estatal da Virgínia. 10919/27168.

[157] . Zamri, MH, Osman, MR, Akil, Shahidan, MHA & Mohd Ishak, ZA 2016, 'Development of green pultruded composites using kenaf fibre: Influence of linear mass density on weathering performance', Journal of Cleaner Production, vol. 125, pp. 320-30.

[158] . Lim, CJ, Arumugam, M, Lim, CK & GCL, Ee 2018, 'Extração de mercerização e caracterizações físico-químicas de fibra lignocelulósica dos resíduos foliares de Mikania micrantha Kunth ex H.B.K', Journal of Natural Fibers, vol. 17, no. 5, pp. 726737.

[159] . Mabrouk Maache, M, Bezazi, A, Amroune, S, Scarpa, F & Dufresne, A 2017, 'Characterization of a novel natural cellulosic fiber from Juncus effusus L', Carbohydrate Polymer, vol. 171, pp. 163-172.

[160] . Madhu, P, Sanjay, MR, Senthamaraikannan, P, Pradeep, S, Saravanakumar, SS & Yogesha, B 2018, 'Uma revisão sobre a síntese e caraterização de fibras naturais disponíveis comercialmente: Part-I', Journal of Natural Fibers, vol. 16, no. 8, pp. 1132-1144. 126

[161] . Madhu, P, Sanjay, MR, Senthamaraikannan, P, Pradeep, S, Siengchin, S, Jawaid, M & Kathiresan, M 2020, 'Effect of various chemical treatments of prosopis juliflora fibers as composite reinforcement: Physicochemical, thermal, mechanical, and morphological properties", Journal of Natural Fibers, vol. 17, no. 6, pp. 833-844.

[162] . Mahjoub Reza, Jamaludin Mohamad Yatim, Abdul Rahman Mohd Sam & Mehdi Raftari 2014, 'Characteristics of continuous unidirectional kenaf fiber reinforced epoxy composites', Materials and Design, vol. 64, pp. 640-49.

[163] . Manimaran, P, Prithiviraj, M, Saravanakumar, SS, Arthanarieswaran,VP & Senthamaraikannan, P 2018, 'Caracterização físico-química, de tração e térmica de novas fibras celulósicas naturais dos caules de Sida cordifolia', Journal of Natural Fibers, vol. 15, no. 6, pp. 860-869.

[164] . Manimaran, P, Prithiviraj, M, Saravanakumar,SS, Arthanarieswaran,VP, & Senthamaraikannan, P 2018, 'Caracterização físico-química, de tração e térmica de novas fibras celulósicas naturais dos caules de Sidacordifolia', Journal of Natural Fibers, vol. 15, no. 6, pp. 860-869.

[165] . Manimaran, P, Sanjay, MR, Senthamaraikannan, P, Mohammad Jawaid, S,

Saravanakumar, S & Raji George 2019, 'Síntese e caraterização de fibra celulósica de pedúnculo de banana vermelha como reforço para aplicações potenciais', Journal of Natural Fibers, vol. 16, no. 5, pp.768-780.

[166]   . Manimaran, P, Sanjay, MR, Senthamaraikannan, P, Yogesha, B, Claudia Barile & Suchart Siengchin 2020, 'Um novo estudo sobre a caraterização da fibra de Pithecellobium Dulce (PD) como reforço de compósitos para aplicações leves', Journal of Natural Fibers, vol. 17, no. 3, pp. 359-370.

[167]   . Manimaran, P, Senthamaraikannan, P, Murugananthan, K & Sanjay, MR 2018, 'Propriedades físico-químicas de novas fibras celulósicas da planta azadirachta indica', Journal of Natural Fibers, vol. 15, no. 1, pp. 29-38.

[168]   . Manimaran, P, Senthamaraikannan, P, Sanjay, MR, Marichelvam, MK & Jawaid, M 2018, 'Estudo sobre a caraterização da nova fibra natural Furcraea Foetida (FF) como reforço composto para aplicações leves', Carbohydrate. Polymer, vol. 181, pp. 650-658.

[169]   . Mansour, R, Abdelaziz, A & Fatima Zohra, A 2018, 'Characterization of long lignocellulosic fibers extracted from hyphaene thebaica L. Leaves', Research Journal of Textile and Apparel, vol. 22, no. 3, pp. 195-211.

[170]   . Maslinda, AB, Abdul Majid, MS, Ridzuan, MJM & Syayuthi, ARA 2017, 'Water absorption behaviour of hybrid interwoven cellulosic fibre composites', International Conference on Applications and Design in Mechanical Engineering, vol. 908.

[171]   . Mayandi, K, Rajini, N, Pitchipoo, P, Winowlin Jappes, JT & Varada Rajulu, A 2016, 'Extraction and characterization of new natural lignocellulosic fiber Cyperus pangorei', International Journal of Polymer Analysis and Characterizatio, vol. 21, pp. 175-83.

[172]   . Milani, MDY, Samarawickrama, DS, Dharmasiri, GPCA & Kottegoda, IRM 2016, 'Study the structure, morphology, and thermal behaviour of banana fiber and its charcoal derivative from selected banana varieties', Journal of Natural Fibers, vol. 13, no. 3, pp. 332-342.

[173]   . Misri, S, Ishak, MR, Sapuan, SM & Leman, Z 2015, 'The effect of winding angles on crushing behavior of filament wound hollow kenaf yarn fibre reinforced unsaturated polyester composites', Fibers and Polymers, vol. 16, no. 10, pp. 2266-2275.

[174]   . Mitchell, C, Carr, M, Parfitt, M, Vickerman, JC & Jones, C 2005, 'Surface chemical analysis of raw cotton fibers and associated materials', Cellulose, vol. 12, pp. 629-39.

[175]

Printed by Books on Demand GmbH, Norderstedt / Germany